流域耕地
生态补偿研究

王盼盼　王玥　苏浩　著

化学工业出版社

·北京·

内 容 简 介

本书共 9 章，以吉林省辽河流域为例，以流域耕地生态补偿为主线，主要介绍了流域耕地生态补偿研究背景与目的意义、流域耕地生态补偿概念与理论基础、流域概况与数据处理、流域耕地利用动态特征分析、流域耕地生态价值测算及分析、流域耕地生态价值影响因素分析、流域耕地生态供需平衡分析、流域耕地生态外溢价值及补偿额度等内容，旨在完善流域耕地生态补偿机制，为流域耕地生态补偿实践提供理论支持。

本书可供从事流域耕地生态补偿相关科研人员和管理人员阅读参考，也可供高等学校土地资源管理、生态工程及相关专业师生参阅。

图书在版编目（CIP）数据

流域耕地生态补偿研究 / 王盼盼，王玥，苏浩著.
北京：化学工业出版社，2025.9. -- ISBN 978-7-122
-48632-5

Ⅰ. S181

中国国家版本馆 CIP 数据核字第 2025G6V624 号

责任编辑：董　琳　　　　　　　　装帧设计：刘丽华
责任校对：刘曦阳

出版发行：化学工业出版社
　　　　（北京市东城区青年湖南街 13 号　邮政编码 100011）
印　　装：北京科印技术咨询服务有限公司数码印刷分部
710mm×1000mm　1/16　印张 11¾　字数 221 千字
2025 年 10 月北京第 1 版第 1 次印刷

购书咨询：010-64518888　　　　　　售后服务：010-64518899
网　　址：http://www.cip.com.cn
凡购买本书，如有缺损质量问题，本社销售中心负责调换。

定　　价：98.00 元　　　　　　　　版权所有　违者必究

耕地资源不仅可以保障国家粮食安全，满足人们的社会生活需求，同样可以提供调节大气、涵养水源、维持生物多样性等重要的生态服务功能。耕地作为特殊的生态空间，由于其生态效益的跨区域特征，耕地生态保护的责任主体与受益主体时常错位，从而导致地方耕地生态保护动力不足，引发一系列诸如优质耕地锐减、土壤污染、有机质含量下降等生态环境问题，对国家粮食安全及生态安全造成一定威胁。《生态保护补偿条例》明确提出对耕地这一重要生态环境要素实施生态保护补偿。耕地生态补偿作为一项重要的经济激励政策，是耕地生态效益外部性内在化的重要途径，但目前针对耕地生态补偿的相关研究仍存在耕地生态价值认知不充分，耕地生态外溢价值及边界模糊，耕地生态补偿标准及额度"一刀切"等问题，降低了耕地生态补偿的实践性和针对性。

本书在分析流域耕地利用动态特征的基础上，充分考虑耕地数量及空间配置、耕地质量差异、耕地生态负外部性，构建基于耕地"三位一体"保护的耕地生态价值核算体系，测算并分析流域多尺度耕地生态价值及时空演变特征。运用灰色关联度模型分析耕地生态价值关键影响因素。从耕地生产性足迹、生活性足迹和生态性足迹，类型化生态足迹账户，计算耕地生态足迹与耕地生态承载力，明确耕地生态供需差异。在此基础上，探索耕地生态外溢价值及边界，明确耕地生态补偿相关主体，构建差异化耕地生态补偿标准模型，计算流域耕地生态补偿标准及额度。相关研究成果旨在完善耕地生态补偿机制，为流域耕地生态补偿的实践提供理论支撑，对维护区域粮食安全和生态安全具有重要意义。

本书的出版得到了国家自然科学基金青年科学基金项目（批准号分别为：42101260 和 42201277）以及辽宁省教育厅科学研究项目（批准号：LJ112410153004）的资助，特此表示感谢。

本书第 1 章由王盼盼、王玥、苏浩执笔；第 2 章由王盼盼、苏浩执笔；第 3 章由王盼盼、荀文会、程光大执笔；第 4 章由王盼盼、王玥执笔；第 5 章由王盼盼、荀文会、程光大执笔；第 6 章由王盼盼、苏浩执笔；第 7 章由王盼盼、王玥执笔；第 8 章由王盼盼执笔；第 9 章由王盼盼执笔。全书最后由王盼盼统稿并定稿。

本书成稿过程中，夏雨婷、刘俊雅、郑斯予、贾旭飞、赵宁、邓振硕、胡昱彤、向文萍、杜鑫等就图表编辑、修改、校对等做了大量工作，特向他们表示由衷的感谢。同时，本书也参考了部分学者的研究资料，得到了诸多前辈的指点和同行师友的帮助，在此一并表示感谢。感谢化学工业出版社的支持，使本书得以如此顺利地出版。

目前，关于耕地生态补偿研究仍在不断完善，许多问题仍需探讨，限于著者水平及时间，书中不妥和疏漏之处在所难免，敬请读者提出修改建议。

著者
2025 年 5 月

目录

第1章

流域耕地生态补偿研究
背景与目的和意义

1.1 耕地生态补偿研究背景

生态文明建设是统筹推进"五位一体"总体布局和协调推进"四个全面"战略布局的重要内容。生态保护补偿作为生态文明制度的重要组成部分，是践行"绿水青山就是金山银山"理念的关键路径，对于落实生态保护权责，提高各区域生态保护积极性，促进人与自然和谐发展具有重要意义。

生态补偿制度的建设可以追溯到1997年，国家环境保护总局在《关于加强生态保护工作的意见》中提出，按照"谁开发谁保护、谁破坏谁恢复、谁受益谁补偿"的方针积极探索生态环境补偿机制。作为生态补偿政策体系的重要转折点，2005年党的十六届五中全会在《关于制定国民经济和社会发展第十一个五年规划的建议》中首次提出，按照"谁开发谁保护、谁受益谁补偿"的原则，加快建立生态补偿机制。

2007年，国家环境保护总局在《关于开展生态补偿试点工作的指导意见》中提出要明确生态补偿责任主体，确定生态补偿的对象、范围。环境和自然资源的开发利用者要承担环境外部成本，履行生态环境恢复责任，赔偿相关损失，支付占用环境容量的费用，生态保护的受益者有责任向生态保护者支付适当的补偿费用。

2010年，国务院决定将研究制定生态补偿条例列入立法计划，发展和改革委员会与有关部门起草了《关于建立健全生态补偿机制的若干意见》的征求意见稿和《生态补偿条例》，提出中央森林生态效益补偿基金制度、重点生态功能区转移支付制度、矿山环境治理和生态恢复责任制度，初步形成了生态补偿法规的大体框架。

2016年，《国务院办公厅关于健全生态保护补偿机制的意见》明确提出，到2020年，实现森林等七个重点领域和禁止开发区域、重点生态功能区等重要区域生态保护补偿全覆盖，补偿水平与经济社会发展状况相适应，跨地区、跨流域补偿试点示范取得明显进展，多元化补偿机制初步建立，基本建立符合我国国情的生态保护补偿制度体系。

2018年，九部委联合发文《建立市场化、多元化生态保护补偿机制行动计划》的重要任务为：建立市场化、多元化生态保护补偿机制要健全资源开发补偿、污染物减排补偿、水资源节约补偿、碳排放权抵消补偿制度，合理界定和配置生态环境权利，健全交易平台，引导生态受益者对生态保护者的补偿。积极稳妥发展生态产业，建立健全绿色标识、绿色采购、绿色金融、绿色利益分享机制，引导社会投资者对生态保护者的补偿。

2024年《生态保护补偿条例》出台，这是我国首部专门针对生态保护补偿的法规，标志着我国生态保护补偿开启法治化新篇章。条例确定了"1＋N"的国家财政补偿格局，"1"是指生态功能重要区域，包括依法划定的重点生态功能区、生态保护红线、自然保护地等生态功能重要区域，"N"是指各类重要生态环境要素，包括森林、草原、湿地、荒漠、海洋、水流、耕地以及法律、行政法规和国家规定的水生生物资源、陆生野生动植物资源等其他重要生态环境要素。国家鼓励、指导、推动生态受益地区与生态保护地区人民政府通过协商等方式建立生态保护补偿机制，开展地区间横向生态保护补偿。

耕地作为粮食生产的重要载体，是保障国家粮食安全的基础资源。同时，在生态文明体制改革背景下，基于生态系统服务价值及外部性等理论，耕地作为重要的生态环境要素，其所蕴含的生态服务价值巨大，在水源涵养、气候调节以及生物多样性保护等方面扮演着举足轻重的角色，在维持整个生态系统平衡中占据重要地位。

在粮食安全与生态安全的双重目标下，我国形成了极具特色的耕地保护制度。1998年国土资源部的成立强化土地管理体制，同年修订《中华人民共和国土地管理法》，第五章专辟"耕地保护"的章节，以立法形式确立了土地规划、土地用途管制、耕地占补平衡、耕地保护责任目标等制度，为全国各地及各级政府切实做好保护耕地、实现耕地总量动态平衡工作提供了法律保障。国家采取了包括耕地转用实行分级审批制度、规划管理、建设用地年度供应计划、耕地总量动态平衡、占补平衡、进出平衡、国土空间用途管制、永久基本农田保护制度等管理措施来保护耕地资源。2023年，中央农村工作会议提出加强耕地保护和建设，健全耕地数量、质量、生态"三位一体"保护制度体系。我国人均耕地面积少、耕地质量总体不高、耕地后备资源不足的国情长期存在，因此，需要强化耕地保护制度，对耕地进行数量、质量及生态"三位一体"的保护，改善耕地的生产功能和生态功能。

然而，在现代社会中，由于经济利益的驱动和公共产品属性的影响，耕地保护仍面临着严峻的挑战。一方面，耕地的边际私人收益与边际社会收益存在偏差。私人利益主体往往追求短期经济利益最大化，而忽视耕地的长期生态效益和社会效益。这种行为趋向导致耕地资源的过度开发和利用，进而威胁粮食安全和生态平衡。为提高耕地生产能力，满足日益增长的粮食需求，促进农民的增产增收，农业要素的投入随之增加，粮食产量的增加依赖于农药、化肥等化学制品的大量使用。根据中国农村统计数据，2022年，全国农药使用量为119万吨，化肥使用量为5079.2万吨，农膜使用量为237.5万吨，其中化肥使用量相比于2000年增长22.5%，农膜使用量增长77.85%，对耕地生态价值产生重要的影响。同时，农业活动也是温室气体排放的主要源头之一，表现为作物生产及其相关过程产生的温室气体占大气中CO_2的20%、CH_4的70%，以及N_2O的90%，引发严重的农业环境问题。

另一方面，耕地保护的责任主要由农民个人和地方政府承担，但往往缺乏足够的激励和补偿机制来维护耕地的生态功能。从我国目前现有的耕地补偿实践来看，大多数是在耕地征收过程中对耕地年均产值的经济价值进行量化补偿，针对耕地生态服务价值的纵向及横向补偿较少，对粮食主产区和商品粮基地的耕地补偿力度不足。但由于耕地保护主体对于其生态功能认知的缺失，导致目前耕地的生态效益并未显化，耕地实际产生的价值远大于人们所获得的耕地补偿，耕地保护成本投入与耕地生态效益之间的失衡，严重降低了区域耕地保护的热情。同时，耕地所具备的公共物品属性、耕地生态效益的外部性显著，耕地保护主体与受益主体之间时常错位，拥有较多耕地资源禀赋的区域，承担着相应的耕地保护责任，而农地发展权的限制导致其经济发展受限，以经济发展为主的区域却无偿地享受着由耕地保护主体带来的耕地生态产品及服务。这种不均衡的利益分配格局，不仅影响了农民的生产积极性和地方政府的保护动力，也加剧了社会不公平现象。

耕地生态补偿是以维持耕地生态服务功能可持续利用为目的，通过经济手段来调节相关者之间利益关系的规则、激励和协调的制度安排，从而调动各方主体耕地生态保护的积极性。耕地生态补偿作为平衡区域经济发展与耕地保护之间矛盾的重要手段，对于耕地资源的永续利用具有重要意义。进行耕地生态补偿是保障耕地生态功能的持续供给，使耕地保护外部性内在化的重要途径。目前，关于耕地生态补偿的相关研究及实践探索仍然存在耕地生态补偿标准不统一，耕地生态供需分析不完善，补偿额度超过区域实际支付能力，导致其实际可操作性差等问题，有悖于耕地"三位一体"的保护理念。因此，建立统一的耕地生态价值核算体系，全面分析耕地生态供需差异，提高耕地生态补偿额度的实际操作能力是目前耕地生态补偿研究亟待解决的科学问题。

随着全球经济的快速发展和人口的持续增长，水资源短缺和水环境污染问题日益严重，流域生态治理成为推动生态文明建设的核心任务之一。流域是一个复杂的生态系统，其中各区域之间存在着紧密的相互联系和相互依赖关系。在流域地区，耕地保护主体多元化，耕地生态效益外溢边界模糊，耕地生态补偿的空间差异和空间尺度依赖更加显著，在流域范围内更应注意耕地的生态效益，针对流域的耕地生态补偿研究亟待提升。

吉林省辽河流域是辽河源头和上游，是全国重要粮食生产区。行政区域涉及东辽县、龙山区、西安区、双辽市、梨树县、伊通县、铁东区、铁西区以及公主岭市9个县（市、区），耕地面积主要分布于大黑山脉以西的公主岭市、梨树县、双辽市等区域，对于保障国家粮食安全具有重要价值，且在维护区域生态平衡中占据重要地位。相关数据显示，流域近年主要断面水质情况Ⅴ类及劣Ⅴ类占比较高，水环境污染严重，农业面源污染问题突出。耕作层变薄、黑土地退化等问题，导致流域优质耕地锐减和生态环境恶化，威胁区域的粮食安全和生态安全。

鉴于此，本书以吉林省辽河流域为例，从耕地数量及类型转换特征、耕地景观格局、耕地质量等别及限制因素、耕地生态环境等方面分析流域耕地利用动态变化特征。基于耕地数量、质量和生态"三位一体"保护的逻辑，建立流域、地市及区县三种尺度下的耕地生态价值核算体系，分析流域耕地生态价值时空分异特征。运用灰色关联度模型，判别不同尺度下影响耕地生态价值的关键性因素，分析关键性因素对耕地生态价值的作用机理。基于耕地生产功能、生活功能及生态功能（简称"三生"功能），从耕地生产性足迹、生活性足迹和生态性足迹类型化生态足迹账户，改进生态足迹模型，明确耕地生态供需差异，判定耕地生态补偿的支付区与受偿区，测算流域耕地生态溢出价值及边界。在此基础上，结合社会经济发展差异、政府支付能力、耕地保护事权与发展财权等建立流域差异化耕地生态补偿标准测算模型，制定流域耕地生态补偿标准及额度。从耕地生态补偿标准、主体与责任、补偿方式、资金来源与使用、保障措施等完善耕地生态补偿机制。相关研究成果对于流域耕地生态补偿政策的制定提供一定参考价值，对于完善耕地生态补偿机制，提高生态补偿实践的可操作性具有重要意义。

1.2　耕地生态补偿研究目的和意义

从理论研究来看，综合考虑耕地数量及空间配置差异、耕地质量及耕地生态负外部性等因素，建立多尺度耕地生态价值核算体系，对于丰富耕地生态价值内涵，完善耕地生态价值的相关研究具有一定意义。构建基于耕地"三生"功能的生态足迹模型，明确耕地生态供需差异，可以有效地识别耕地生态补偿的相关利益主体，为耕地生态补偿额度的确定奠定基础，从而实现耕地生态补偿区（赤字区）与耕地生态受偿区（盈余区）之间的财政转移。

以区域耕地生态外溢价值为基础，结合流域整体及各区域社会发展阶段、经济发展差异、地方政府支付能力、耕地保护事权及耕地发展财权等对耕地生态补偿的影响，针对不同空间尺度及区域差异，制定流域及各区域耕地生态补偿标准及额度，提出财政转移路径，对于提高流域尺度耕地生态补偿的实际操作性具有重要参考价值，为制定和完善相关法律法规提供科学依据，建立健全生态补偿法律体系，推动生态环境保护的制度化、规范化。

从现实意义来看，耕地生态补偿研究作为当前土地科学与生态学等领域的重要研究课题，是当前正在积极探索的实践内容。耕地生态补偿机制的建立与完善，对于提升耕地资源保护意识、保障国家粮食安全与生态安全、促进农村经济发展与农民增收、实现区域协调发展具有重要意义。

耕地不仅是粮食生产的基础，还具有涵养水源、净化空气、维护生物多样性等多种生态功能。通过对耕地生态价值进行量化测算和补偿，能够使人们更加直观地认识到耕地资源的生态重要性，从而增强保护耕地的主动性和积极性，进行耕地生态补偿研究有助于提升耕地资源的保护意识，维护耕地生态功能的持续供给。

耕地生态补偿研究有助于提升耕地数量、质量、生态"三位一体"保护能力，对于保障国家粮食安全与生态安全具有重要意义。建立结合耕地数量、质量和生态的耕地生态服务价值核算体系，测算区域耕地生态价值，采取差异化的补偿标准，制定合理的生态补偿额度。通过经济补偿等措施，不仅可以激励地方严守耕地红线，保障耕地数量不减少，同时可以促进耕地的直接利用者采取更加友好的农业生产方式，如减少化肥和农药的使用、节约农业灌溉用水、实施轮作休耕等，还可以有效地改善土壤结构、增加土壤肥力，引导农民合理利用和保护耕地资源，避免过度开发和滥用，从而增加耕地的生产力与生态功能，确保粮食生产的稳定性和可持续性。

耕地生态补偿研究有助于促进区域协调发展。在城镇化进程中，不同区域间耕地资源及经济发展的不平衡性日益突出。由于耕地生态外部性的存在，导致承担耕地保护责任的主体与受益主体出现错位。耕地生态补偿作为一种通过经济手段激励耕地保护与生态建设的重要政策工具，通过资金补贴、政策优惠等方式的耕地生态补偿，直接增加耕地保护者的经济收益，弥补耕地保护的责任主体因保护耕地而丧失的发展机会成本，调节区域间的发展差异，实现经济效益、社会效益和生态效益的统一。

耕地生态补偿研究有助于促进农村经济发展和农民增收。一方面，通过实施耕地生态补偿政策，可以激励农民采取有利于生态环境保护的农业生产方式，从而提高农产品的产量和质量，增加农民收入。另外，国家对耕地保护主体采取纵向支付的直接补偿方式，区域间实现横向财政转移，对农民进行直接的经济补偿，不仅能够提高农民的收入水平，改善农村生活质量，还能促进农村产业结构的优化升级，推动农村经济的多元化发展。

1.3 耕地生态补偿国内外研究动态

1.3.1 耕地生态服务价值研究

（1）耕地资源价值内涵界定

明晰耕地资源价值内涵，是完善耕地保护制度的重要前提。国内外众多学者对耕地资源价值的内涵、价值评估体系及实践方法进行了多方面的研究。对耕地资源价值内涵的理解在不断扩展，传统经济学中对耕地资源价值的认知仅仅关注其经济价值，忽略了耕地所发挥的社会保障功能、生态服务功能等。随着研究的不断深入，耕地资源价值的内涵从耕地具有单一的经济价值发展到经济价值、社会价值、生态价值的综合量化。

关于耕地资源价值内涵的界定，相关学者所持观点各异，耕地资源价值可以分为使用价值（直接使用价值、间接使用价值和选择价值）和非使用价值（存在价值和遗赠价值）。俞奉庆基于效用价值理论，构建自然资源的价值论，认为耕地资源价值可以分为耕地资源的物质价值、精神价值和综合价值。其中，耕地的经济价值、生态价值和社会价值组成了耕地的物质价值，认识价值、道德价值和审美价值组成了耕地的精神价值，耕地物质价值和精神价值的统一则是耕地的综合价值。

蔡银莺和 Common M 基于生态经济学和资源环境经济学，认为耕地资源价值是其市场价值和非市场价值的综合。耕地的经济产出效益体现了耕地的市场价值，而耕地资源所提供的开敞空间、维持物种的多样性和保障国家粮食安全等体现了耕地的非市场价值。

目前，将耕地资源价值分为耕地经济价值、社会价值及生态价值是使用最广泛的一种方法，该方法具有完备的估价体系和理论基础。耕地经济价值指人类在耕地上投入劳动力及生产要素，生产出的农产品经市场流通后产生的经济价值。社会价值主要体现在保障粮食安全、提供农业人口就业保障和养老保障等功能价值。生态价值主要体现在其所提供的固碳释氧、保持土壤、涵养水源、净化大气等功能价值。

（2）耕地生态价值测算

耕地生态系统作为半自然生态系统和社会经济子系统的复杂组合，是人类活动最为密切的自然生态系统，为人类社会带来了巨大价值。目前国内外有关耕地生态服务价值的评估研究主要基于生态系统服务理论、外部性理论、公共物品理论等，采用当量因子法、市场替代法及条件值评估法等。

1997 年，Costanza 在《自然》杂志上发表全球生态系统服务价值和自然资本，从科学意义上明确了生态系统服务价值评估的原理及方法，将生态系统服务分为气体调节、气候调节、扰动调节、水调节、水供给、控制侵蚀和保持沉积物、土壤形成、养分循环、废物处理、传粉、生物控制、避难所、食物生产、原材料、基因资源、休闲、文化 17 个类型，取得了丰富的研究成果。Costanza 利用相同的当量因子法对 2011 年全球的生态系统服务价值进行更新，该方法可以应用到多尺度的服务价值评估体系中。2008 年，我国学者谢高地提出该方法在中国应用存在较大的争议和缺陷，其中对于耕地的生态服务价值被严重低估，而其他生态服务价值被过高地估计，据此，根据中国的国情，谢高地提出我国的生态系统划分标准及中国生态系统单位面积生态服务价值当量。当量因子法作为评估耕地生态系统服务价值的重要方法，得到了国内外学者的广泛认可。

阮熹晟采用当量因子法，充分利用中国统计年鉴等现有的统计资料得到长江经济带区域粮食作物播种面积、单产，以及全国均价等信息，评估长江经济带大尺度区域的耕地生态系统服务价值。杨文杰参照中国陆地生态系统服务价值当量因子表，估算耕地非农化造成的农业生态服务价值损失，并结合不同时段的社会发展系数进行修正。刘祥鑫采用当量因子法，结合粮食作物的播种面积、单产及其全国均价计算新疆维吾尔自治区 14 个地州市的耕地生态服务价值。

部分学者在采用当量因子法计算耕地生态服务价值的基础上，采用水足迹、耕地质量差异、耕地生态负外部性等对其结果进行修正。崔宁波根据主要粮食作物播种面积、单产、价格水平等求得单位生态系统当量因子的价值量，计算耕地生态服务价值和非市场价值。在此基础上，结合水足迹对其进行修正，计算供给方自身消费的耕地生态服务价值。王盼盼基于生态服务价值理论，采用当量因子法，选取水稻、玉米、小麦、豆类和薯类 5 种粮食作物参与计算基于耕地数量的耕地保护生态价值。在此基础上，考虑耕地景观空间配置差异、耕地质量差异及耕地生态负外部性等，对耕地数量保护生态价值进行校正。

刘利花基于对耕地保护的外部性考量，运用当量因子法、功能价值法等对耕地保护产生的正向生态价值以及利用耕地过程中产生的负向生态价值，包括化肥和农药的过度使用、残留农膜造成的环境污染、农业水资源消耗、耕地温室气体排放等进行核算，两者相减确定耕地的生态价值。张俊峰和 Zhang J 基于耕地数量、质量和生态"三位一体"保护逻辑，依据耕地数量判定生态价值总量，同时考虑耕地质量差异和生态外部性进行耕地生态价值核算，基于生态服务价值理论，采用当量因子法测算耕地数量保护生态效益，利用耕地质量水平对耕地保护生态效益进行修正，考虑因人为农业生产行为带来的负外部性，如化肥、农药、农膜使用，采用成本替代法和环境成本法计算耕地生态负外部性。Wang L 综合当量因子法和元胞自动机模型评估了三种农田保护政策情景下经济效益和生态系统服务价值之间的关系。

部分研究按照耕地所提供的生态服务功能，采用相应的方法分别进行核算，将各项功能值相加即耕地生态服务价值。李冬玉利用机会成本法、影子价格法和替代工程法对陕西省耕地净第一性生产力、大气调节功能价值、涵养水源功能值、水土保持功能价值和净化环境功能价值进行测评。李广结合黄土高原生态脆弱的主要特点，选取土壤保持、涵养水源、维持营养物质循环、固碳释氧、净化空气5类评价指标，采用碳税法、机会成本法、影子价格法等对其耕地净第一性生产力及生态服务价值进行评估。任平基于成都崇州市耕地实地采样数据和修正的集成生物圈模拟器（IBIS）模型测算数据，对耕地生产有机质、调节大气、涵养水源、土壤保持和净化环境5种自然生态服务价值进行测算，并与已有相关研究成果进行对比分析。唐秀美结合生态经济学原理与方法，确定了包括气体调节功能、净化环境功能、涵养水源功能、固土保肥功能和营养物质循环功能在内的耕地生态价值的类型，采用影子工程法、机会成本法和替代成本法等方法，构建不同功能的评估模型，对北京市耕地生态价值进行评估，分析其空间分布状况。武江民选取大气调节价值、水源涵养价值、土壤保持功能价值、营养物质循环功能价值、净化环境功能价值5类评价指标，利用造林成本法、水量平衡法、影子价格法等计算白银区耕地生态系统服务功能的价值量。汤进华选取耕地资源的气体调节功能价值、大气净化功能价值、水源涵养功能价值、土地保持价值、土壤营养保持价值和维持生物多样性功能价值6种服务功能价值作为测算因子，利用市场价值法对武汉城市圈耕地资源生态服务功能的价值进行测算分析。

部分学者从微观的角度采用条件价值评估法、实验法等从农民的支付意愿和受偿意愿评价耕地的生态价值。条件价值评估法的经济学思想是效用带给消费者的满足度。条件价值评估法是基于消费者行为和市场调查的研究方法，用于评估某个产品或服务的非市场价值。Davis R K使用条件价值法研究缅因州森林的休闲价值，首次将条件价值法应用在生态系统服务价值评估领域，此后，条件价值评估法被广泛用于休闲价值、空气质量及废物处理价值等生态系统服务的经济价值评估。

条件价值评估法应用在耕地生态服务价值评估中，主要采用问卷调查的方式，直接调查居民为使用或保护耕地生态系统的服务功能所付出的最高支付意愿，或者调查居民为不破坏耕地生态系统服务功能所愿意接受补偿的最低受偿意愿，以此来表示耕地生态系统服务功能的经济价值。具体表现为个人为保护耕地面积不减少、质量不降低、享受耕地目前所提供的生态服务，结合其家庭收入等情况，最高愿意支付多少资金来保护耕地。另外至少应得到多少资金的补偿才可以保证耕地不作其他用途，且会将部分补偿款用于耕地保护中。

高汉琦在分析耕地生态服务功能特征及耕地资源和社会经济环境等对耕地生态影响的基础上，对焦作市未来不同情景下的耕地生态服务功能变化过程进行模拟，并采用条件价值评估法中连续型的支付卡方式调查农民对耕地生态效益的支付意愿和受偿意愿。唐建利用 Scheaffer 等抽样公式确定适宜样本容量，采用面对面的、无记名调查方式，选择双边界二分式引导技术，设定受访者愿意接受的支付工具，通过逻辑斯蒂回归（Logistic）模型估计耕地生态价值的平均支付意愿和受偿意愿，根据重庆市城镇和农村总人口，计算出重庆市耕地生态价值。牛海鹏采用条件值评估法，对城镇与农村居民的耕地生态效益支付意愿和受偿意愿进行调查，认为在不同情景下支付意愿和受偿意愿不对称性与差异性，依据持有效应、耕地生态效益的非唯一性、支付意愿和受偿意愿波动的差异性，可以将耕地生态效益支付意愿作为耕地生态效益测算的表征指标。乔蕻强通过对当地居民进行问卷调查的方式采集数据信息，采用意愿价值评估方法来研究当地居民对农业生态补偿的意愿及支付水平的实际情况。葛颖通过实地入户调查了解农民耕地生态服务保护补偿支付意愿、受偿意愿等相关因素，运用条件价值法测算出平均支付与受偿意愿。

选择实验法（CE）出现在 20 世纪 80 年代，是对公共物品价值评估的非市场技术方法。该方法基于相似偏好假设，将耕地资源生态价值划分成不同的属性集，通过构建被调查者选择的随机效用函数模型，将属性选择转化为效用比较，当个人做出选择时，间接地做出不同属性之间属性水平的权衡，确定人们所关注的属性及要素，分析属性变化而导致的意愿变化，从而估算某一资源或物品的经济价值。

Jin J J 采用选择实验方法，衡量公众对耕地保护的偏好，测算典型家庭对耕地保护月支付意愿额及区域年度支付意愿总额。其认为选择实验法是分析受访者对耕地保护计划意愿的可靠方法。马爱慧基于选择实验法，对武汉市市民与农民进行实地调查，分析城乡居民对耕地面积、耕地质量、耕地生态环境和耕地保护支付成本所组合方案的接受意愿，其中，最优方案支付意愿最高，城乡居民的支付意愿差异性显著，揭示耕地生态补偿意愿及耕地生态价值。马文博采用选择实验法，对河南省市民和农民进行实地问卷调查，结合耕地数量、质量及生态等因素，测算居民对耕地生态价值属性满意的支付意愿和水平。其中，农民支付意愿为 2060.55 元/hm²，市民支付意愿为 3396.15 元/hm²，两者相差 1335.60 元/hm²，收入水平、环保意识是影响受访对象生态补偿支付意愿的最直接因素。

（3）耕地生态价值影响因素

耕地生态价值受众多自然及人文因素的影响，目前相关研究大多利用格网法、探索性空间数据法、面板门槛模型、敏感性指数法、未来土地利用模拟（FLUS）模型、合理加权回归模型等探讨不同土地利用方式及土地利用变化对生态价值的影响，以及采用双重差分（DID）模型和普通最小二乘法（OLS）模型研究不同农地整理模式等对耕地生态价值的影响。

邓元杰运用单位面积生态系统价值当量因子法、格网法、探索性空间数据法，分析退耕还林还草工程实施前后生态系统服务价值的空间分布和演化规律，探讨退耕还林还草工程对生态系统服务价值的影响。丁振民基于效用最大化理论构建土地利用转移的经济学分析框架，利用面板门槛模型，探讨在生态修复工程以及城镇扩张双重背景下陕西省耕地转移对生态系统服务价值的影响机制。耿冰瑾利用土地利用动态度模型、当量因子法、敏感性指数法，探讨京津冀潮白河区域不同时期内的土地利用变化和生态系统服务的动态演变情况，并对土地利用变化对生态系统服务产生的影响进行分析。欧阳晓以处于快速城市化进程中的长株潭城市群为研究对象，综合运用未来用地模拟模型和生态系统服务价值计算方法，模拟基准、耕地保护及生态保护 3 种情景下长株潭城市群土地利用变化对生态系统服务价值的影响。谢金华基于耕地生产价值和生态价值理论，构建农地整治背景下耕地生产价值和生态价值的分析框架，采用 DID 模型和 OLS 模型，分析不同农地整治模式影响耕地生产价值和生态价值的作用机理。

Sannigrahi S 使用价值转移方法估计生态系统服务价值，使用作物总面积、作物产量、作物产量、净灌溉面积和种植强度 5 个解释因素构建地理加权回归模型，探讨驱动因素对生态系统服务价值的影响。Fenta A A 使用土地覆盖地图和价值转移估值法来估计生态系统服务价值的变化，以应对撒哈拉以南非洲的土地覆盖变化。Ke X 研究认为耕地补充政策有助于保持中国耕地总面积，但随着更多自然栖息地的地区变成耕地，可能导致环境退化。通过比较省级生态系统服务价值的差异，在不同的土地利用变化情景下探索耕地补充政策的当前和未来影响。Qiao B 开展黄河源区土地利用和生态系统服务价值空间量化评估，应用空间自相关方法构建生态系统服务价值评价模型，定量评价玛多县土地利用与覆被空间自相关格局特征，可视化表达玛多县生态系统服务价值空间信息。You H M 以泉州湾河口湿地为研究对象，采用市场价值法、替代价值法及机会成本法等评估生态系统服务价值，采用逐步回归分析法、通径分析方法探讨服务价值变化的主要驱动因子及其作用途径和强度。

以上研究对耕地生态价值测算问题提供了重要的理论和方法支撑，但相关研究在衡量不同尺度下耕地生态服务价值时，多是将区域尺度的耕地生态价值进行简单加和作为更高一级尺度下的耕地生态价值总量，忽略了耕地作为重要的生态要素，其内部连通性、破碎度等空间配置差异对耕地所发挥生态效益的影响。且研究尺度多集中在国家、省（市）、县等区域尺度，而关于流域尺度的研究较少。因此，本书在借鉴张俊峰建立的基于耕地数量、质量及生态"三位一体"保护的耕地生态价值测算体系的基础上，基于景观生态学理论，充分考虑耕地景观斑块的大小、连通性、破碎度等空间配置对不同尺度下耕地生态价值的影响，采用流域、地市及区县三个尺度下的耕地景观破碎度、连通度、分离度、最大斑块指数等景观指数对基于耕地数量而确定的生态价值总量进行校核，建立以耕地数量及空间配置确定耕地生态价值总量、以耕地质量差异修正生态价值、以生态负外部性对价值量进行核减的多尺度耕地生态价值核算体系，以期对多尺度耕地生态价值的测算提供技术支撑。

1.3.2　耕地供需差异研究

（1）耕地供需差异研究视角

关于耕地生态补偿主体划定，基于"谁受益谁补偿、谁保护谁受偿"的原则，一方面代表公共利益的中央政府是耕地生态补偿的主要主体，中央政府对地方实施耕地生态补偿，地方政府作为地方代表接受相应补偿。另一方面区域间的地方政府实施耕地生态补偿的横向转移支付，主要是耕地生态的受益方向耕地生态保护方进行生态补偿。

相关研究多从粮食安全、生态安全、虚拟耕地或粮食安全与生态安全相结合等视角，计算耕地赤字或盈余量，衡量耕地的供给与需求，以此作为判定耕地保护生态补偿的支付主体与受偿主体的依据。当耕地生态供给大于需求时，说明耕地存在盈余，应作为耕地保护补偿的受偿主体；当耕地生态供给小于需求时，说明耕地存在赤字，应作为耕地补偿的支付主体。

张俊峰基于粮食安全保障视角，通过粮食自给率、粮食消费量及单位面积粮食生产量确定区域耕地需求量，以现有耕地面积与耕地需求面积进行比较，得出耕地生态赤字区或盈余区。刘利花基于粮食安全视角，通过比较耕地需求量与耕地现存量之间的差距，确定耕地赤字与盈余。姚石结合当地常住人口数、人均粮食消费量、粮食自给率、粮食单产、农田播种面积与农作物种植结构的影响计算农田需求量，用区域内已有的农田面积减去需求量，即为农田生态赤字与盈余量。赵青引入粮食安全超载指数衡量耕地生态利用程度，指特定区域耕地存量与粮食耕地总需求量之差占耕地存量的百分比，确定耕地赤字与盈余。

张宇基于生态安全视角，结合生态环境压力、生态环境状态和生态环境响应对耕地生态安全进行综合评价的基础上，认定生态安全区为耕地生态高盈余区，基本安全区为低盈余区，安全临界区为平衡区，安全敏感区为低亏损区，不安全区为高亏损区。靳亚亚基于粮食安全与生态安全双视角，采用粮食供需平衡法原理和生态足迹模型确定区域耕地保护经济补偿总分值及补偿分区的划分，对陕西省耕地保护补偿进行了分区：补偿给付区、补偿受偿区、补偿平衡区。刘利花基于粮食安全与生态安全双视角，改进生态足迹模型，根据耕地存量与需求量之差，判定双视角下的耕地盈余区与耕地赤字区。

梁流涛认为省际间粮食贸易过程中隐藏着大量的虚拟耕地流动，间接地导致了区际间的耕地资源的占用与被占用关系，这会对调出区和调入区产生不同的影响，应以平均虚拟耕地净流量为基础，根据虚拟耕地净流量的正负值进行区际农业生态补偿支付区和受偿区的划分。梁流涛从虚拟耕地流动的视角构建区际农业生态补偿框架，在虚拟耕地流动格局网络下，结合虚拟耕地流动、生态服务变化及其流动与区际农业生态补偿的互动关系，通过虚拟耕地净流量指标划分支付区和受偿区。

（2）生态足迹模型

基于生态足迹模型计算生态足迹和生态承载力被广泛认为是衡量生态是否存在超载的重要依据，利用耕地生态足迹及承载力代表耕地生态需求和供给已得到国内外学者的广泛认可。20 世纪 90 年代，"生态足迹"概念由 Rees 首次提出；Wackernagel 进一步完善了生态足迹模型；随后，生态足迹模型被广泛应用到资源环境领域，用来衡量资源环境的可持续状态。

冀雪霜应用生态足迹模型测算黄河流域地级市的生态足迹及赤字水平，结果表明黄河流域生态足迹高于生态承载力，大部分地区处于赤字状态。赤字主要来源于化石燃料用地以及耕地。吕啸以渭河流域甘肃段为研究对象，采用生态足迹理论和改进的三维生态足迹模型，评估区域的生态安全状况及其变化趋势。渭河流域甘肃段的生态足迹、生态承载力和生态赤字均呈增长趋势，生态赤字持续增加。侯霞运用三维生态足迹模型，采用西藏 2015～2022 年的面板数据，计算西藏生态足迹与承载力。李明鸿基于生态足迹模型，对均衡因子和产量因子进行时序调整，计算并分析山东省人均生态足迹和人均生态承载力，评价山东生态安全状况。

在此基础上，国内外学者展开了大量的关于耕地、水域、林地、草地、建设用地等单项研究。Li M 将修正的生态足迹模型与多目标优化方法相结合，构建耕地利用可持续性评价模型，揭示耕地利用生态供需平衡的变化，为决策者确定最优的耕地利用模式。Wang G 基于模糊综合评价和系统动力学模型相结合，改进水资源承载能力评估方法，对水资源承载能力进行定量和定性测量。王健泉利用水资源利用与经济社会发展匹配度模型、水资源生态足迹模型和对数平均迪氏指数法核算河北省水资源生态足迹与生态承载力，结果表明水资源均处于亏损状态且亏损较严重，水资源利用压力过大。禹芊蕾采用基于实际木材采伐量和木材生长量的改进后的林业生态足迹模型，计算林业生态足迹与承载力，研究表明中国林业生态系统始终处在生态盈余和强可持续状态。赵彤基于植被净初级生产力（NPP）数据以及统计数据，通过生态足迹及生态承载力计算模型，对海晏县草地生态足迹及生态承载力进行估算，分析草地生态赤字与盈余。Rana A K 利用生态足迹模型测量亚历山大市建筑用地的消费与生产失衡情况，全面评估城市建成区土地的可持续性和承载能力。

众多学者在传统的生态足迹模型基础上进行了丰富的改进，如以国家公顷、省公顷代替全球公顷，以生产性生态足迹代替消费性生态足迹，基于净初级生产力、生态系统服务价值测算均衡因子与产量因子，引入碳足迹模型改进传统生态足迹模型，增加生态足迹账户，综合传统生态足迹模型与改进模型的比较等，对耕地生态足迹及承载力进行研究。

王艳应用消费-产出生态足迹模型，并重新测算国家公顷均衡因子和产量因子，通过改进的生态可持续性指数和生态压力指数判别长江经济带各省份耕地生态可持续利用状况。薛选登以省公顷代替全球公顷调整粮食主产区产量因子，由此修正并获得更为客观的粮食主产区 13 个省份的耕地生态足迹数据。刘利花改进生态足迹模型计算耕地生态足迹与承载力，在计算耕地生态足迹时，以耕地主要农作物的生产量代替其消费量，在不考虑进口量与出口量影响的前提下，采用耕地生产性生态足迹代替消费性生态足迹。刘某承根据植被的净初级生产力对中国及各省的产量因子进行测算。根据全国不同类型生态系统植被的净初级生产力，按照不同生态系统的面积比例加权得到全国和不同省、直辖市平均净初级生产力，根据各自生产力计算出中国和各省、直辖市的产量因子。Venetoulis J 基于净初级生产力测算均衡因子与产量因子，评估全球 138 个国家与地区的足迹账户，经比较发现人类的全球生态足迹大于生态承载力。郭慧基于生态系统服务价值改进均衡因子与产量因子，其中均衡因子指某一生态系统类型单位面积提供某种生态系统服务的能力与所有生态系统类型单位面积提供该种生态系统服务的平均能力的比值，产量因子指区域内某一生态系统类型提供某种生态系统服务的能力与该类生态系统服务的国家平均水平的比值。

苏娇萍和 Hu X 将耕地生态足迹划分为耕地生产性足迹和生态性足迹。耕地生态性足迹引入碳足迹模型，用以计算消纳耕地农产品生产过程中排放的废弃物所需的生态性耕地面积，包括化肥、农药、农膜、农业机械总动力和农用灌溉面积等。洪顺发将生态足迹分为生物生态足迹、能源生态足迹和污染生态足迹，以增加生态足迹账户对其模型进行改进。党昱諹基于饮食结构升级因素及区域间饮食结构差异，综合考虑耕地的主要种植作物类型和消费类型，将耕地产品消费分为粮食消费、油料消费、糖类消费、蔬菜消费 4 种类型，在此基础上计算耕地生态足迹。Liu M 将耕地生态足迹分为耕地生物资源足迹和碳足迹，在计算生物资源足迹时采用粮食流动对其进行修正，应用改进的生态足迹模型明确长江经济带耕地生态供需差异。夏炜祁应用生态足迹模型计算长江经济带耕地生态足迹与耕地生态承载力，将区域划分为耕地生态赤字区、生态平衡区、生态低盈余区、生态中盈余区和生态高盈余区。

二维生态足迹模型是在一维生态足迹模型的基础上增加了资源生态承载的概念，用资源生态承载与生态需求的差异判定该区域是否存在生态盈余与赤字。随后，部分学者开始探讨三维生态足迹模型的应用，三维生态足迹模型是将资源供给分为存量和流量两种方式，采用足迹广度和深度表征人类对资源的占用，可以反映资源的横向和纵向的超载情况。

靳亚亚以扩展的三维生态足迹模型为基础，充分考虑区域有界性与承载力系统的开放性特征，兼顾人类利用耕地资源的负面影响，从区分本地与异地居民对本地耕地的生态占用、类型化生态足迹核算项目、引入平衡因子处理重复计算三方面改进模型，计算江苏省耕地生态足迹与承载力。Wang Y 基于三维生态足迹模型，分析粤港澳大湾区的自然资本利用模式，计算生态承载能力，对生态足迹深度和生态足迹强度进行定量研究。钱凤魁以辽宁省各市耕地生物资源足迹、耕地碳足迹和耕地生态承载力为基础，采用靳相三维生态足迹模型计算各市三维耕地生态盈余与赤字量，划分耕地生态盈余区与耕地生态赤字区。崔宁波基于改进的三维耕地生态足迹模型，在修正耕地参数因子和核算耕地碳足迹的基础上，探究东北黑土区耕地生态状况的时空格局演化。

以上研究提供了重要的技术与方法支撑，相关研究在计算耕地生态足迹时，大多考虑的是基于耕地生产功能的耕地生产性足迹，即根据人类对各类粮食作物、经济作物等农产品的需求所折算的耕地面积，少数研究引入碳足迹模型计算耕地的生态性足迹，即人类在获取农产品过程中，消纳各种破坏性行为产生的副产品所折算的耕地面积。相关研究忽略了耕地的生活功能，即社会保障功能，缺乏对耕地生活性足迹的相关考量，从耕地的多功能角度出发，探究人类基于耕地的生产、生活和生态功能对耕地资源的占用，明确耕地生态供需差异的研究亟待加强。鉴于此，基于耕地的"三生"功能，将耕地生态足迹分为耕地生产性足迹、生活性足迹和生态性足迹，在传统生态足迹模型基础上进行适当改进计算耕地生产性足迹，以维护耕地的社会保障功能为基础计算耕地的生活性足迹，引入碳足迹模型计算耕地生态性足迹。鉴于耕地所发挥的生产、生活和生态功能具有重叠性，因此，选取耕地生产性足迹、生活性足迹和生态性足迹的最大值作为流域耕地生态需求量，以此作为计算耕地生态溢出价值的依据。

1.3.3 耕地生态补偿标准及额度研究

（1）基于耕地生态价值确定补偿标准

国内外相关研究在确定耕地生态补偿标准和额度时，大多在耕地生态服务价值测算基础上，依据耕地生态供需平衡分析确定生态补偿额度。金晓彤运用当量因子法，计算耕地生态服务正向价值，作为因承担超过自身需求的粮食供给而应获得的耕地生态补偿标准及额度。将农药化肥施用、温室气体排放等耕地生态负向价值作为因造成耕地生态环境破坏而应支付的耕地生态补偿标准和额度。张煜尧运用生态系统服务和权衡的综合评估（InVEST）模型模拟核算区域耕地的水源涵养、土壤保持、碳储存、水质净化等生态系统服务功能量，并采用市场价值法和影子工程法测算其生态系统服务价值和单位耕地生态价值,结合耕地生态盈亏面积确定耕地生态补偿额度。李颖基于粮食作物总碳汇量减去总碳源量,得出净碳汇量,再乘以单位碳汇价格,作为粮食作物碳汇功能生态补偿的标准。王欣采用瑞典碳税法、工业制氧成本法、替代成本法、影子工程法等方法对耕地生态服务价值正负效应进行综合评估,用耕地生态正向服务价值减去耕地利用环境污染治理成本确定生态补偿标准。

由于区域自然、社会、经济等方面存在差异,在实施耕地生态补偿时以保护耕地生态服务功能的前提下,应注意区域经济承受能力,同时要达到区域协调发展的目的。耕地生态补偿标准制定得过高容易造成地区财政负担,导致其可操作性的降低,补偿标准过低又很难达到激发耕地生态保护热情的目的。部分研究考虑耕地生态功能的认知及政府的支付能力,以区域社会发展阶段系数、政府支付能力指数等修正耕地补偿额度。少数研究采用空间计量模型验证地方经济财权、耕地保护事权、耕地生态功能认知水平以及耕地生态补偿政策对耕地生态效益的影响,在此基础上进行补偿额度的修正,并验证其补偿额度的现实可操作性。

张皓玮和 Wang L 认为随着经济社会发展的深入,人们对耕地生态效益的认识会逐步加强,这种认识过程和支付能力可以用 S 型皮尔生长曲线进行模拟。采用恩格尔系数来衡量社会经济发展水平和人民生活水平,对耕地生态价值进行修正后确定耕地生态补偿标准。Ding Z 提出耕地的生态补偿金额是过度占用耕地生态系统服务功能所产生的额外经济利润的交换,或者是保护耕地所造成的损失,引入耕地生态足迹,改进耕地生产函数,计算耕地生态补偿额度。

文尹娇结合当量因子法计算耕地生态系统服务价值,以此衡量生态补偿标准,采用 S 型皮尔生长曲线对各地区的社会经济发展水平进行修正,并结合粮食供应服务流得到耕地生态补偿总额。刘玲运用当量因子法计算耕地生态服务价值,在此基础上考虑耕地补偿优先级,明确耕地生态补偿需求强度系数,取值15%作为区域耕地生态补偿折算系数,计算耕地生态补偿标准及额度。高攀在进行生态服务价值的核算的基础上,根据当地社会、经济、自然等条件对耕地生态补偿标准进行修正,以期建立更趋合理的耕地生态补偿机制。赵青利用恩格尔系数模型来测算和量化社会经济水平和人类生活水平,对耕地生态服务价值进行修正后计算耕地生态补偿标准。范树平基于经济发展差异、耕地保护事权和耕地发展财权计算补偿系数,其中耕地保护事权采用耕地保有量表征,耕地发展财权采用人均财政支出表征,在此基础上测算耕地生态补偿标准。

李瑶在分析耕地保护的经济效益、社会效益和生态效益的基础上,将耕地利用效益占比设为权重,对耕地生态价值和社会价值进行加权处理,得到耕地补偿价值,引入 S 型皮尔生长曲线,采用耕地补偿标准调整系数对其修正,计算耕地保护补偿标准。王慧从耕地生产、社会和生态多功能角度出发,评价耕地多功能指数，采用当量因子法和替代法，测算耕地生态价值和社会价值，以耕地多功能指数为权重，对生态价值和社会价值进行加权得到耕地的外部性价值，引入相应补偿系数对其进行修正，得出江苏省耕地保护补偿标准。

Su D 从粮食供需不匹配的角度，量化长三角各城市间农作物流转中隐藏的耕地数量，结合当量因子法计算长三角区域耕地生态补偿标准及额度。Bai Y 将耕地生态补偿与三大主食的生产、流通、消费挂钩，计算支持耕地粮食生产的生态系统服务价值后，得出了生态补偿标准，并构建了区域间的实现模式。

(2) 基于耕地保护机会成本确定补偿标准

耕地保护机会成本是地方政府为保护耕地不做其他用途所要放弃的最高收益，当耕地被用作建设用地时，政府出让建设用地会取得土地出让金及相应税收。部分研究利用机会成本法，采用地方政府保护耕地的机会成本作为耕地保护补偿标准。

孙晶晶利用机会成本法，将耕地转化为建设用地的平均收益作为耕地补偿标准，以一定的土地还原利率将建设用地出让收益换算成耕地转化为建设用地的年收益，确立耕地补偿标准。党昱譞采用机会成本法，将耕地补偿标准设定为某省耕地转为建设用地的机会成本，其中省级政府将耕地生态空间开发为建设用地的收益包括土地出让金收入和相关税收收入。陈会广采用耕地转为工业用地后的出让收益来代替集体经营性建设用地的租金租价数据，结合财政支农支出占财政总收入的比例和财政支农支出占农业产值的比例对其进行修正，得到区域耕地生态补偿标准。刘利花按照耕地保护的机会成本，认为耕地转为建设用地出让的平均收益可近似采用城镇与城乡交错地带建设用地使用权年收益的1/2，该值即为各地方政府耕地保护的机会成本，由土地使用权出让金收入、土地使用权出让契税及耕地占用税三部分组成，作为耕地保护补偿的标准。崔宁波以耕地转化为建设用地所产生的收益与粮食市场交易的差值作为粮食耕地保护的机会成本损失，在基础上结合社会经济发展阶段对其修正，计算耕地生态补偿标准及额度。张宇构建计量模型揭示耕地生态安全与地区土地财政之间的关系，划分生态补偿区域，并以耕地综合水平每增长 1 个效用值地方土地财政收入的减少量为基础，建立耕地生态转移支付模型，引入人均 GDP 修正系数计算耕地生态补偿额度。

部分学者将机会成本法与对利益主体的问卷调查与访谈相结合，对耕地属性水平选择偏好、耕地生态补偿的支付或受偿意愿、耕地保护发展受限损失等进行调查，利用期望函数、条件值评估法等进行补偿标准的确定。

杨欣调查农民对基本农田发展受限的认知程度的基础上，对农民基本农田发展受限额度测算，分析其主要影响因素。基于期望函数模型的运算结果，显示江夏区受访农民对因保有基本农田而发展受限的年均损失额为 9116.47 元/hm²，该研究从发展受限的视角丰富了基本农田保护补偿标准的计算方法。杨欣运用潜在分类模型研究不同类别特征的市民对农田生态服务价值的保有意愿情况，运用潜在类别分析软件（Gold Latent）测算基于市民支付意愿的武汉市农田生态补偿标准。结果显示正常偏好型和空气质量偏好型市民对于农田生态补偿的支付意愿分别为 6888.74 元/hm² 和 518.50 元/hm²，计算得到基于武汉市市民平均支付意愿的农田生态补偿标准为 7407.24 元/hm²。蔡银莺从保护性耕作的视角入手，采用条件价值评估法探讨了重点开发区域农田生态补偿农民受偿额度，在此基础上，通过 Tobit 回归模型检验影响农民受偿意愿的相关因素。吴娜以耕地向多种林地转化情况下新增的生态服务量作为补偿上限，通过问卷调查农民的收入项和支出项，并核算收支差确定农民生产的机会成本，作为补偿标准的下限，确定流域生态补偿标准。

界定生态补偿的利益相关主体，确定耕地生态外溢价值，制定补偿标准及额度是耕地生态补偿的关键核心内容。另外，耕地生态补偿具有明显的空间差异特征及尺度依赖效应，受多种因素影响，诸如耕地生态功能的认知水平、社会经济发展速度、地方耕地保护责任、政府支付能力或意愿等，忽略地区差异及空间尺度的特征，会降低耕地生态补偿的有效性和针对性，造成耕地生态效益的损失。因此，充分考虑以上相关因素，建立差别化的耕地生态补偿标准，是完善耕地生态补偿机制，提高生态补偿效率的关键。在确定耕地生态补偿支付区与受偿区的基础上，以流域及各区域的耕地生态外溢价值为基础，建立综合区域社会经济发展差异、地方政府支付能力、耕地保护事权与发展财权的耕地生态补偿标准测算模型，制定流域差异化的耕地生态补偿标准及额度，在此基础上完善耕地生态补偿机制。

1.4 耕地生态补偿研究思路与技术路线

本书以吉林省辽河流域为例，研究流域耕地生态补偿等问题。在对耕地生态服务价值、耕地生态承载力及耕地生态补偿核心概念进行界定的基础上，以生态系统服务理论、公共物品理论、外部性理论、景观生态学理论及可持续发展理论作为指导，主要对流域耕地利用动态特征分析、流域耕地生态价值测算与分析、流域耕地生态价值影响因素分析、流域耕地生态供需平衡分析、流域耕地生态外溢价值与补偿额度展开研究。

（1）流域耕地利用动态特征分析

利用耕地利用动态变化度、相对变化率、耕地转换频繁度分析 2000～2020 年间流域耕地变化幅度及速度的时空差异特征，采用耕地利用转换矩阵分析流域耕地的转入转出特征，结合流域高程与坡度数据，将其与耕地利用现状进行叠加，获取流域耕地分布的地形特征。

基于景观生态学理论，选取斑块数、斑块密度、最大斑块指数、平均斑块面积、平均斑块形状指数、平均斑块分维数、分离度指数和聚合度指数等景观格局指数，明确流域耕地景观格局特征。

采用农用地分等定级数据，分析流域耕地质量等别及差异，从障碍层距地表深度、剖面构型、表层土壤质地、土壤有机质含量、土壤 pH 值、盐渍化程度、排水条件 7 个方面计算耕地质量限制因素及限制程度，分析流域耕地质量的限制因素，识别限制耕地质量的核心因素，分析不同耕地等级的核心限制因素。统计流域耕地耕种过程中农药、化肥及农膜的使用量，参考农田碳排放计算方法，计算耕地利用的碳排放量，从风蚀与水蚀角度明确流域水土流失情况，以此分析流域耕地生态环境问题。

（2）流域耕地生态价值测算与分析

耕地数量决定着耕地生态价值的总量，采用当量因子法核算耕地数量保护生态价值。耕地作为一种重要的生态空间，内部生态要素的完整性与连通性对其所发挥的生态服务功能影响巨大，为将此影响纳入耕地生态价值核算体系中，以耕地景观最大斑块指数、斑块密度、平均斑块形状指数和聚合指数 4 个景观格局指数综合评价流域耕地景观空间配置情况，对基于耕地数量而确定的耕地生态价值进行校核，从而得到基于耕地数量及空间配置的耕地生态价值总量。

耕地质量的优劣对于生态价值的贡献度差异显著，耕地质量优质区域对于发挥耕地的生态功能具有明显提升，针对流域耕地质量差异，以全国平均耕地质量水平为标准，运用农用地分等定级成果，采用标准耕地质量折算系数对不同尺度下耕地生态价值进行修正。

基于耕地数量及空间配置、质量的耕地生态价值中，计算的是耕地生态正面价值。由于耕地利用过程中的生态负外部性会对耕地生态造成不良影响，需对耕地利用过程中所产生的负面价值进行核减，利用市场替代方法及水库蓄水成本法等，核算流域农药、化肥、农膜、农业耗水带来的耕地生态负向价值。

基于耕地数量、质量、生态"三位一体"的保护逻辑，考虑耕地作为重要的生态要素，其内部连通性、破碎度、集中度等空间配置差异对耕地所发挥生态效益的影响，采用相应的耕地景观格局指数对流域、地市及区县不同空间尺度下耕地生态价值进行校核，建立以耕地数量及空间配置确定生态价值总量、耕地质量差异修正生态价值、耕地利用生态负外部性核减生态价值的多尺度耕地生态价值核算体系，分析流域、地市及区县三个空间尺度下耕地生态价值的时空分异特征。

（3）流域耕地生态价值影响因素分析

从提升耕地生态服务价值的内外驱动力入手，完善耕地生态价值实现机制作为其内驱力，鉴于目前流域尚未实行严格的耕地生态价值实现制度，选取农业产值、农民人均收入来考察经济因素对耕地生态价值的影响，针对外驱力选取耕地面积、粮食单产、农药使用量、化肥使用量及农膜覆盖等因素考察其对耕地生态价值的影响。

利用灰色关联度模型，计算流域及各区域耕地生态服务价值与以上相关因素的关联度，判别 2000～2020 年间影响流域及各区域耕地生态服务价值的关键因素。明确各关键因素对耕地生态价值的作用方式，揭示在影响因子作用下，流域耕地生态价值的演变规律及特征，在此基础上，从健全耕地生态价值实现机制、提升耕地生态正向价值和减少耕地生态负向价值的角度提出耕地生态价值提升的关键路径。

（4）流域耕地生态供需平衡分析

依据耕地的生产、生活和生态"三生"功能，将耕地生态足迹分为耕地生产性足迹、耕地生活性足迹和耕地生态性足迹，改进生态足迹模型。耕地的生产性足迹是指耕地发挥生产功能，提供人类消费的各类农产品对耕地的占用和消耗。以国家公顷代替全球公顷，农作物的人均消费量以人均生产量为基础，按照各地区所占比例，依据省级生产量减去调出量同比例缩减，计算耕地生产性足迹。耕地的生活性足迹是指耕地发挥生活功能，保障区域内农民生存对耕地的占用和消耗。区域内耕地的社会保障能力按照耕地的社会保障价值与农村居民最低生活保障金的比值进行衡量，计算耕地生活性足迹。耕地的生态性足迹是指人类从事农业活动过程中所产生的废弃物对耕地的占用和消耗，考虑农业生产过程中由于农药、化肥、农膜和农业机械的投入和使用以及灌溉等碳排放对耕地的占用和消耗，计算耕地生态性足迹。在此基础上，为避免重复计算的问题，选取生产性、生活性、生态性足迹的最大值作为耕地生态足迹，分析流域耕地生态足迹与耕地生态承载能力，确定耕地生态赤字与盈余量，借鉴生态供需平衡指数分析耕地生态供给和需求的空间差异。

（5）流域耕地生态外溢价值与补偿额度

依据耕地生态供需差异结果，将耕地生态赤字区作为耕地生态支付区，耕地生态盈余区作为受偿区，确定流域及各区域耕地生态补偿的相关利益主体。在此基础上，依据流域、地市及区县三个尺度的耕地生态价值，综合耕地生态可承载指数，确定不同尺度下耕地生态溢出价值，明确其外溢价值及边界。

以区域耕地生态外溢价值为基础，综合考虑区域社会发展阶段、经济发展差异、地方政府支付能力、耕地保护事权及耕地发展财权等对耕地生态补偿的影响，针对不同空间尺度及区域差异，建立流域耕地生态补偿标准测算模型，计算流域、地市及区县的耕地生态补偿额度及标准，可以减少地方政府耕地补偿的财政压力，也不会使受偿区因耕地生态补偿而产生暴富的现象，以期提高耕地生态补偿的有效性及针对性。

从耕地生态补偿标准、耕地生态补偿主体及责任、耕地生态补偿方式、耕地生态补偿资金来源及使用、耕地生态补偿保障措施等方面，健全流域耕地生态补偿机制，维持耕地生态补偿的有效运行。流域耕地生态补偿技术路线如图 1-1 所示。

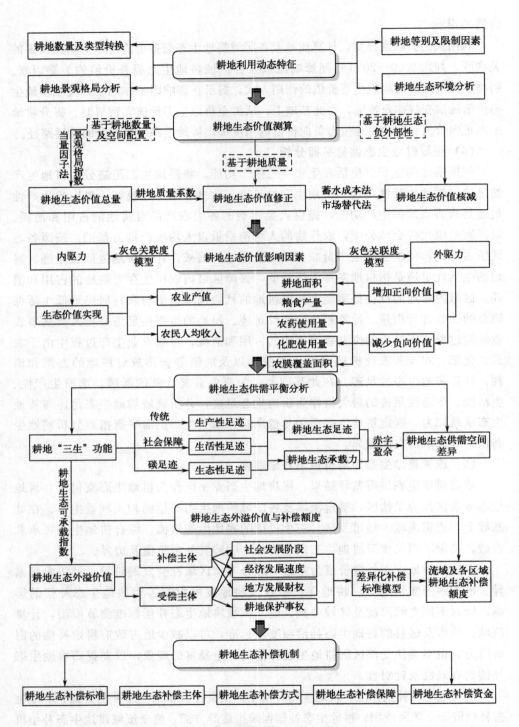

图 1-1　流域耕地生态补偿技术路线

1.5　耕地生态补偿研究方法

（1）遥感技术和地理信息系统技术相结合

利用遥感图像处理软件（ENVI），经过波段融合、几何校正、投影变换等一系列影像处理手段，解译遥感影像，获取吉林省辽河流域 2000 年、2010 年和 2020 年遥感数据，在地理信息系统的平台下，结合土地利用变更调查数据及耕地资源质量分类数据，建立流域不同时点耕地利用数据库。利用 GIS 强大的空间信息分析功能和直观的可视化分析技术，建立流域及各区域的耕地利用转移矩阵，明确研究时段内耕地的转入转出情况。获取流域高程、坡度等数据，通过其与耕地现状数据进行叠加处理，对耕地的地形特征进行分析。将耕地数据进行栅格转换，作为分析耕地景观格局指数的基础数据。通过对农用地质量分等数据库中的耕地质量限制因素的限制程度进行计算，分析其核心限制因素。将耕地生态价值的空间差异、耕地供需平衡指数等进行直观的表达，制作相应图件，分析流域耕地生态价值的时空差异特征及耕地生产性供需指数、生活性供需指数、生态性供需指数和耕地生态供需指数的空间差异特征。

（2）实地调查与专家咨询相结合

基于耕地"三位一体"的耕地生态价值测算体系要充分考虑尺度及空间异质性的特征，在此基础上，耕地生态价值的影响因素错综复杂，耕地生态供需平衡分析是否完善直接关系到耕地生态补偿支付主体与受偿主体的界定是否准确。对流域采取差异化的耕地生态补偿可以提高其实践性，耕地生态补偿机制的构建涉及多方参与主体、多种补偿方式等。在建立耕地生态价值核算体系，选取耕地生态价值影响因素，分析耕地生态供需平衡，测算耕地生态补偿标准及额度，构建耕地生态补偿机制时，在重视文献综述的同时，采取专家咨询与专家研讨的方式，依靠专家的集体智慧，确保以上相关研究的科学性。

为了解流域内相关政府和农民等对耕地生态功能的认知情况、农作物种植类型、结构及产量、对耕地生态补偿及受偿的意愿、耕地利用者对耕地生态耕种行为的情况，如化肥、农药使用等是否有限制，对流域进行实地走访调查，为耕地生态负向价值计算、设计耕地差异化补偿标准模型提供参考。

（3）计量分析与数学模型相结合

流域耕地生态补偿研究采用了大量的计量分析与数学模型，确保研究的可靠性和科学性，涉及的方法有景观格局指数法、限制性指数模型、当量因子法、市场替代法、灰色关联度模型、生态足迹模型、碳足迹模型、差异化补偿标准模型等，以上这些方法可以很好地解决流域耕地生态补偿的主要研究内容。

① 景观格局指数法将耕地景观格局图导入景观格局分析软件 Fragstats4.2，

以 Grid 文件（网格为 30m×30m）格式在景观类型水平上进行运算，得到表征流域（吉林省辽河流域）、地市（四平市、辽源市）、区县（东辽县、龙山区、西安区、双辽市、梨树县、伊通县、铁东区、铁西区以及公主岭市）的耕地景观格局特征指数，用于揭示不同空间尺度下耕地景观格局特征及其动态变化规律。同时，在耕地生态价值核算过程中，选取最大斑块指数、斑块密度、平均斑块形状指数和聚合指数 4 个景观格局指数综合评价不同尺度下耕地景观空间配置情况，对不同尺度下的耕地数量保护生态价值进行校核，以期将耕地景观空间配置差异纳入耕地生态价值核算体系中。

② 为识别限制流域耕地自然质量的限制因素及核心限制因素，应用由耕地自然质量指数变换而来的限制性指数模型，计算流域耕地自然质量限制因素的限制程度，并采取等距法将限制程度划分为无限制、轻度限制、中度限制和重度限制 4 个级别，分析流域及各区域耕地自然质量的限制因素及限制级别。在此基础上，进行核心限制因素识别，针对不同耕地等级，其核心限制因素存在一定差异。

③ 当量因子法是将生态系统服务功能分类，以可量化的标准构建不同类型生态系统各种服务功能的价值当量，结合生态系统的分布面积进行评估。该方法数据量少，较为直观易用，适用于全球和区域尺度生态系统服务价值的评估。因此，应用当量因子法选取稻谷、玉米、小麦、豆类和薯类 5 种粮食作物参与耕地数量保护生态价值计算。其中，对耕地生物当量因子的选取，仅考虑气体调节、气候调节、水文调节、废物处理、保持土壤、维护生物多样性、提供美学景观目前不能被市场量化的功能，在此基础上结合各粮食作物的单产、播种面积及单价等，核算流域不同空间尺度下基于耕地数量的耕地生态价值，作为耕地生态价值核算体系中的基数，分析流域耕地数量保护生态价值的时空分异特征。

④ 市场替代法力图寻找到那些能间接反映人们对环境质量评价的商品和劳务，并用这些商品和劳务的价格来衡量环境价值。利用市场替代法及水库蓄水成本法核算由农药、化肥、农膜、农业水资源消耗带来的耕地生态负向价值。在考虑耕地数量及空间配置、耕地质量差异的基础上，对耕地生态负向价值进行核减，从而得到流域耕地生态服务净价值，分析其时空演变特征及规律。

⑤ 灰色关联度模型是一种多因素统计分析方法，属于灰色系统理论的重要组成部分。灰色关联度分析法的核心在于通过比较系统行为的特征序列与各个因素序列之间的相似度，从而确定它们之间的关联强度，对样本量需求较低。应用灰色关联度模型计算流域及各区域耕地生态价值与农业产值、粮食单产、耕地面积、农药使用量、化肥使用量、农膜覆盖面积、农民人均收入等因素的关联程度，从而分析流域整体及各区域耕地生态服务价值的影响因素，明确其差异特征。

⑥ 生态足迹模型在于计算生态足迹与生态承载力，通过比较生态足迹与生态承载力，判定区域生态存在盈余或赤字状态，揭示区域生态的承载能力及可持续状态。在传统生态足迹模型的基础上进行适当改进，充分考虑耕地的生产、生活及生态功能，类型化生态足迹账户，将耕地生态足迹分为耕地生产性足迹、生活性足迹和生态性足迹，以期弥补从单一角度计算耕地生态足迹的不足。在此基础上，通过对流域及各区域耕地生态足迹与耕地生态承载力的比较，揭示流域耕地生态赤字与盈余量，作为划分耕地生态补偿支付主体与受偿主体的依据。

⑦ 碳足迹模型是评估人类活动对气候变化影响的重要工具，通过量化特定活动或产品的温室气体排放量，为低碳发展提供了科学依据。碳足迹是指特定活动、产业、地区或产品在整个生命周期内直接或间接产生的二氧化碳和其他温室气体的排放量。依据农田生态系统碳足迹等模型计算，明确耕地的生态性足迹。主要考虑在农业生产过程中农药、化肥、农膜、农业机械投入及灌溉等生产措施和行为产生的碳排放量，同时依据不同农作物的含碳率、根冠比及水分系数、经济系数等核算耕地的固碳能力，最终确定耕地的生态性足迹。

⑧ 差异化补偿标准模型的建立旨在对流域耕地实现差异化的生态补偿，提高耕地生态补偿的针对性和操作价值。对耕地生态的认识过程和支付能力可以用皮尔生长曲线模拟，用恩格尔系数衡量人民生活水平和区域经济社会发展水平，以人均耕地保有面积表征耕地保护事权，以人均财政支出表征地方发展财权。充分考虑以上相关因素，针对不同空间尺度及区域差异，建立流域及各区域耕地生态补偿标准测算模型。依据测算模型计算流域及各区域耕地生态补偿标准及额度，在此基础上完善耕地生态补偿机制。

第2章

流域耕地生态补偿概念
与理论基础

2.1 相关概念界定

2.1.1 耕地生态服务价值

根据生态系统服务理论，耕地生态系统服务即为基于耕地生态服务功能，人类在耕地利用与保护过程中，所获得的所有产品与服务，包括供给、调节、支持和文化服务。耕地生态系统的供给服务即为耕地所提供的食物、原材料等，保障粮食安全和社会稳定。调节服务即为耕地所提供的水文调节、疾病控制等，维持生态系统的可持续发展。支持服务即为耕地生态系统所提供的土壤形成、养分循环、制造氧气等，提供有形和无形的必需品保障。文化服务即为耕地生态系统提供的生态旅游、故土情结、文化认同等，提供精神文化层面的价值。耕地生态系统服务见图 2-1。

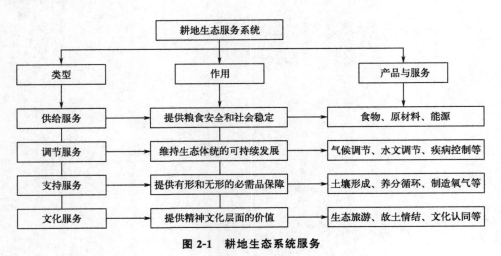

图 2-1 耕地生态系统服务

功能衍生出价值，价值是功能的载体。耕地生态服务价值即为耕地生态系统所提供服务与产品的价值量化，是耕地的完全价值。在生态文明体制改革背景下，耕地生态系统服务及其价值逐渐受到部分专家学者的关注和重视。目前，耕地的部分经济价值已经在市场经济体制中体现，如耕地生产的粮食所产生的经济价值，其余价值如气候调节、养分循环等生态价值目前尚未在市场中体现，导致耕地生态价值未能充分地被人类认识，缺少对耕地完全价值的充分认知。已有的耕地价值核算体系，多是对其供给服务功能价值的核算，而关于耕地的调节服务、支持服务、文化服务等产生的价值相关研究较少，兼具科学性、准确性等核算方法较为匮乏。同时，由于缺少市场交易路径及生态服务边界模糊等问题，导致耕地生态保护的外部性尤为突出，直接或间接地导致地方耕地保护动力不足。建立健全耕地生态服务价值核算体系，是耕地生态补偿及其价值实现的基础，是解决耕地保护动力不足的关键。

2.1.2 耕地生态承载力

1921 年，Park 首次提出承载力的概念。他认为承载力是指在某一种特定的环境条件下（特定的环境条件主要是指生存空间、营养物质、阳光等生态因子的配合），某种生物个体所存在可能数量的最高极限，如在不损害牧场情形下，牧场所能供养的最大牲畜数量。该定义用承载力来表征环境限制因子对人类社会物质增长过程的重要影响，明确资源环境有限性与生物增长无限性的联系，直接推动了承载力的理论演进。随着人口膨胀、经济发展、资源短缺等问题不断凸显，出现不同需求和重点的承载力研究，如环境承载力、资源承载力、人口承载力、土地承载力、水资源承载力等。

1990 年，Rees 提出生态足迹理论，标志着承载力研究从单要素转向综合的生态系统。明确了承载力是单要素承载力的生态集成，其中，资源承载力是基础，环境承载力是核心。人类需要通过消耗各种资源来维持衣食住行，但人类在消耗资源的同时，也产生大量的废弃物，需要充足的环境容量来容纳相应的废弃物。受资源和环境的有限性限制，人类为维持自身可持续发展，其生产经营活动必须维持在资源与环境承载力范围内，资源与环境系统均是生态系统的组成部分。关于生态承载力的相关研究，大体上经历了种群承载力、资源承载力、环境承载力和生态承载力 4 个阶段。生态承载力具有动态性、尺度性和相对极限性、空间异质性、相对性和不确定性、开放性和多样性等特征。

关于生态承载力的概念，多是从生态系统对承载对象的承载能力出发，如从种群生态学角度出发，生态承载力指的是在食物供应、气候、栖息地、竞争等因素的限制下，生态系统中种群的最大数量。随着复合生态系统的提出和完善，生态承载力越来越重视在生态系统机构和功能不受破坏的前提下，对人类活动的承载能力，能够承载的最大人口数量。随着社会经济发展水平的提升，生态承载力的研究更偏向于对人类社会经济发展的承载能力，包括人口总量、经济规模及发展速度等。

生态足迹作为核算生态承载力的重要方法，是从生物物理量的角度出发，将各种资源和能源消费折算为土地面积来判断生态系统是否处于可承载状态，其本质是对土地资源生产能力的估测。耕地作为主要的生物生产土地，耕地生态承载力则是一定区域内能够提供给人类的生物生产性耕地面积。

2.1.3 耕地生态补偿

生态补偿的概念有狭义和广义之分。狭义的生态补偿指对由人类的社会经济活动给生态系统和自然资源造成的破坏及对环境造成的污染的补偿、恢复、综合治理等一系列活动的总称。广义的生态补偿则还应包括对因环境保护丧失发展机会的区域内居民进行的资金、技术、实物上的补偿，政策上的优惠，以及为增强环境保护意识，提高环境保护水平而进行的科研、教育费用的支出。

《生态保护补偿条例》自 2024 年 6 月 1 日起施行，条例明确生态保护补偿的内涵。生态保护补偿是指通过财政纵向补偿、地区间横向补偿、市场机制补偿等机制，对按照规定或者约定开展生态保护的单位和个人予以补偿的激励性制度安排。单位和个人，包括地方各级人民政府、村民委员会、居民委员会、农村集体经济组织及其成员以及其他应当获得补偿的单位和个人。生态保护补偿可以采取资金补偿、对口协作、产业转移、人才培训、共建园区、购买生态产品和服务等多种补偿方式。

学术界对生态补偿的概念并未形成统一，政策法规文件的相关表述也不尽相同。我国生态补偿立法工作仍在进行中，耕地生态补偿作为生态补偿的一个重要分类，其研究对象更为具体，欧名豪结合对耕地生态系统服务识别和生态补偿内容的解读，将耕地生态补偿含义界定为在耕地资源利用过程中，为保护耕地的生态系统功能，采用以经济手段为主，对因其维持和提升耕地生态系统获得的收益进行奖励或对因其破坏与损失程度进行加大赔偿的制度安排。刘利花将耕地生态补偿定义为以保护和可持续利用耕地生态系统服务功能为目的，以经济手段为主，调节相关者的利益关系，促进补偿活动、调动各方主体耕地生态保护积极性的各种规则、激励和协调的制度安排。结合相关研究及对耕地生态系统服务的解读，可以将耕地生态补偿定义为：为维护耕地生态系统服务功能，采取相应的经济手段对耕地生态保护或破坏的相关主体进行奖励或赔偿的制度安排。

2.2 理论基础

2.2.1 生态系统服务理论

生态系统服务是生态系统为人类提供的产品与服务总称，是人类从生态系统获得的所有惠益，是连接人类福祉与生态系统功能之间的重要桥梁。联合国的《千年生态系统评估报告》将生态系统服务界定为人们从自然系统获得的收益（包括产品和服务）。

生态系统服务包括供给服务、调节服务、文化服务和支持服务。其中，供给服务是指人类从生态系统中获得的各种生态产品，包括食物、原材料、水及各种能源等。调节服务是指生态系统在发挥调节作用时，对人类产生的惠益，包括气候调节、水文调节、疾病控制、侵蚀控制等。支持服务是人类从生态系统中获得的有形和无形的必需保障品，是不可或缺的服务，包括土壤的形成、养分的循环、制造氧气等。文化服务是生态系统对人类提供的精神文化层面的价值，例如丰富精神生活、美学欣赏、休闲娱乐等。

生态系统服务功能是指生态系统与生态过程所形成及所维持的人类赖以生存的自然环境条件与效用。一类是生态系统产品，如食品、原材料、能源等；另一类是对人类生存及生活质量有贡献的生态系统功能，如调节气候及大气中的气体组成、涵养水源及保持土壤、支持生命的自然环境条件等。生态系统服务功能主要包括生产生态系统产品、产生和维持生物多样性、调节气候、减缓旱涝灾害、维持土壤功能、传粉播种、有害生物的控制、净化环境、景观美学与精神文化功能 9 个方面。

生态系统服务的功能价值一般情况下采用货币单位来衡量。其中通过市场替代技术，以影子价格和消费者剩余来表达其功能的经济价值。如市场价值法、享乐价格法、机会成本法等。另外可通过模拟市场的技术，以净支付意愿或支付意愿代替其功能价值，如条件价值法等。通过生态系统服务的功能价值进行评估，包括耕地生态系统、森林生态系统、草地生态系统、水生态系统、湿地生态系统、海洋生态系统等，可以减少损害生态系统健康的短期行为，以满足人们日益增长的生态需求。

生态系统服务同样具有较强的尺度依赖效应，包括时间尺度与空间尺度。时间尺度为生态系统动态的时间间隔，空间尺度为生态系统面积的大小。尺度效应的影响主要考虑由于尺度的变化，对生态系统服务产生的影响。不同的时间尺度，其生态系统服务具有动态变化特征，不同空间尺度下，由于景观格局、景观多样性等发生变化，同样会对其生态系统服务产生影响。因此，研究生态系统服务时应考虑其尺度特点。

2.2.2 公共物品理论

经济学中将物品分为私人物品与公共物品。1954 年，萨缪尔森在其发表的《公共支出的纯理论》中给公共物品作出了定义，即每个人对这种物品的消费，都不会导致其他人对这种物品消费的减少。公共物品的数学表达式为：

$$Y = Y_1 = Y_2 = \cdots = Y_n \quad (i = 1, 2, \cdots, n) \tag{2-1}$$

式中　Y——消费者消费的总量；

$\quad\quad Y_n$——每个消费者的消费量。

公共物品区别于私人物品的显著特征之一即为消费者 i 消费的公共物品数量等于公共物品的总量。私人物品的数学表达式为：

$$Y = \sum_{i=1}^{n} Y_n \quad (i = 1, 2, \cdots, n) \tag{2-2}$$

每个消费者 i 消费的私人物品数量等于私人物品的总量。私人物品与公共物品如图 2-2 所示。

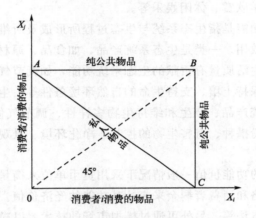

图 2-2　私人物品与公共物品

私人物品的消费曲线为 AC，而纯公共物品的消费曲线为 ABC。对私人物品而言，消费者 i 消费的物品数量越多，则消费者 j 消费的物品数量越少，其具有明显的竞争关系。对公共物品而言，消费者 i 消费的物品数量多少，不影响消费者 j 消费的物品数量。

纯公共物品具有非竞争性和非排他性的特点，具备非排他性或非竞争性之一的属于准公共物品。其中非竞争性指的是某人消费该物品并不影响其他人对该物品的消耗，非排他性是指某人享受该物品所带来的好处不需要通过付费来获得。

耕地生态效益具有跨区域的特征，且具备公共物品的非竞争性和非排他性的特点，其易产生"搭便车"的现象，因此，理应基于公共物品的理论对耕地生态效益的供给主体给予经济补偿，解决由于耕地生态效益的公共物品性带来的耕地保护动力不足等问题。公共物品理论作为耕地生态补偿的基础理论，对于确定耕地生态补偿的相关利益主体、责任，耕地生态补偿的相应手段具有重要的借鉴意义。

2.2.3 外部性理论

外部性又称外部效应、外部成本或溢出效应。1890 年，马歇尔在其著作《经济学原理》中首次提到外部经济一词，马歇尔的学生庇古在后期的研究中，补充了内部不经济和外部不经济，提出外部性的概念。其认为外部性是由于存在着未获补偿的服务或未予赔偿的损失所造成的私人与社会净产量之间的偏差。

不同经济学家对外部性给出了不同的定义，大致可以分为两种角度：一种是从外部性的产生主体进行定义；另一种是从外部性的接受主体进行定义。萨缪尔森和诺德豪斯对外部性的定义为：外部性是指那些生产或消费对其他团体强征了不可补偿的成本或给予了无需补偿的收益的情形。兰德尔对外部性的定义为：外部性是用来表示当一个行动的某些效益或成本不在决策者的考虑范围内的时候所产生的一些低效率现象；也就是某些效益被给予，或某些成本被强加给没有参加这一决策的人。

外部性可以分为正外部性（或称外部经济、正外部经济效应）和负外部性（或称外部不经济、负外部经济效应）。所谓正外部性指的是某行为主体的行为使其他个体或组织受益，而不需要付出相应的成本。负外部性指的是某行为主体的行为使其他个体或组织受损，而其没有付出相应的代价。耕地作为特殊的生态系统，其具有涵养水源、净化空气、调节气候等生态服务功能，外部性显著。

对耕地的外部效益进行内部化，是耕地生态价值实现的重要途径。耕地的外部经济性分析如图 2-3 所示。将耕地产生的生态效益作为可以交换的商品，横坐标代表耕地生态产品的产量，纵坐标代表耕地生态产品的价格。

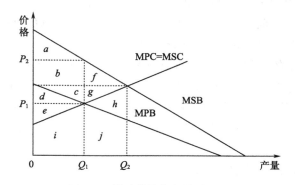

图 2-3 耕地的外部经济性分析

边际社会收益（marginal social benifit，MSB）与边际私人收益（marginal private benifit，MPB）之间的差距为边际外部收益（marginal external benifit，MEB）。边际私人成本（marginal private cost，MPC）与边际社会成本（marginal social cost，MSC）相等。假设耕地保护生态收益可以在市场上进行自由交换，在完全竞争的市场交易下，耕地保护生态效益可以通过价格来进行表征，由于耕地保护生态效益的外部性不能内部化，其产生的实际收益由 MPB 与 MPC 之间的差距决定。若耕地生态产品的产量为 Q_1，对应的边际成本价格为 P_1，则耕地保护者的剩余价值收益为 e，受益者的剩余价值收益为 d，外部收益是 a、b、c 三者之和，而受益者在享受这部分外部收益时，却没有给耕地保护者相应的经济补偿。对于耕地保护者来说，其没有得到全部的剩余价值，将会大大地削减其产生相应行为的积极性。因此，基于外部性理论，进行耕地生态补偿是实现耕地外部效益内在化的途径，对于提高耕地保护的积极性具有重要作用。

2.2.4　景观生态学理论

景观生态学最早是由德国生物地理学家 Troll 于 1939 年提出，将景观生态学定义为研究某一景观中生物群落之间、生物群落与环境之间综合因果关系的科学，强调开展航空摄影测量学、地理学和植被生态学综合研究。景观生态学是研究景观结构、功能和变化，进一步解释为研究景观要素的类型组成、空间配置及其生态学过程的相互作用，强调空间格局、生态学过程和尺度之间的相互作用。

景观作为一个由相对同质的要素或组分构成的异质整体，具有其组成成分所没有的特征，不能把景观单纯地描述为各要素的总和，应同时考虑各要素在景观内如何分布，以及彼此之间的相互关系，即景观的总体结构特征。对景观格局进行定量描述和分析，是揭示景观结构和功能之间的关系，刻画景观动态的基本途径。早期的景观生态学方法主要来自植物学、土地评价学和生态学，利用航片、野外调查来研究景观的结构和功能。随着计算机科学技术的发展，特别是以遥感、地理信息系统和全球定位系统为标志的"3S"技术，以及模型和模拟技术的发展，景观生态学的定量化研究得到迅速发展。

景观生态学中的空间分析方法可以分为两大类：格局指数方法和空间统计学方法。前者主要分析空间上的非连续数据，如类型数据；后者主要分析空间上的连续数据，如数值数据。计算景观格局指数的意义在于：第一比较不同景观或研究区之间的异同；第二表达格局结构的内在含义。这是景观生态学最基本的目的。

景观格局指数已在景观生态学中得到广泛应用，斑块可以用变量的数值特征来表示，包括平均值、众数、中位数、最大值等统计描述特征和方差、置信区间等统计变异特征。单个斑块的特征较少，而斑块的集合则拥有较多具体特征。与斑块特征相关的景观格局特征可以在单个斑块、由若干单个斑块组成的斑块类型、包括若干斑块类型的整个景观镶嵌体 3 个层次上分析。因此，景观格局指数亦可相应地分为斑块水平指数、斑块类型水平指数、景观水平指数。

斑块指数往往作为计算其他景观指数的基础，虽然对了解整个景观结构的价值并不大，但有时其提供的信息还是很有用的，例如每一生境斑块的大小、内部生境数量或生境核心区的大小对于研究某些物种的存活率和种群动态有着重要的意义。斑块水平上的指数包括与单个斑块面积、形状、边界特征及距其他斑块远近有关的一系列简单指数。在斑块类型水平上，因为同一类型常常包括许多斑块，所以可相应地计算一些统计学指标，如斑块的平均面积、平均斑块形状指数、面积和形状指数标准差等。此外，与斑块密度和空间相对位置有关的指数对描述和理解景观中不同类型斑块的格局特征很重要，例如斑块密度（单位面积的斑块数）、边界密度（单位面积的斑块边界数量）、斑块镶嵌体形状指数、平均最近邻体指数等。在景观水平上，除了以上各种斑块类型水平指数外，还可以计算各种多样性指数，如香农-威纳（Shannon-Weaver）多样性指数、辛普森（Simpsion）多样性指数、均匀度指数等，以及聚集度指数。

耕地生态服务价值测算体系的建立以耕地数量及空间分布为基础，耕地数量是核算耕地生态价值的基数，而耕地空间分布情况会对耕地生态价值产生重要的影响，如耕地景观斑块的破碎度、连通度等信息。基于景观生态学理论，采用耕地景观格局指数定量化描述耕地景观空间结构特征，建立充分考虑耕地景观空间差异特征的耕地生态价值核算体系，可以更加准确地计算耕地生态服务价值。

2.2.5　可持续发展理论

可持续发展概念最早可以追溯到 1980 年世界自然保护联盟（IUCN），联合国环境规划署（UNEP）和野生动物基金会（WWF）共同发表《世界自然保护大纲》，提出必须研究自然的、社会的、生态的、经济的以及利用自然资源过程中的基本关系，以确保全球的可持续发展。

1981 年，美国布朗（Lester R. Brown）出版《建设一个可持续发展的社会》，提出以控制人口增长、保护资源基础和开发再生能源来实现可持续发展。1987 年，世界环境和发展委员会发布《我们共同的未来》报告，其对可持续发展的定义为：既能满足当代人的需求，又不对后代人满足其自身需求的能力构成危害的发展。它包括两个重要概念：一个是需要的概念，尤其是世界各国人们的基本需要，应将此放在特别优先的地位来考虑；另一个是限制的概念，技术状况和社会组织对环境满足眼前和将来需要的能力施加的限制。其强调的是发展环境-经济之间的相互协调关系和加强全球性相互依存的关系。区域的可持续发展系统具有非线性、复杂性、自组织性和开放性的特点。可持续发展并不是对经济增长的否定，而是探索通过何种方法使经济发展与环境承载力相协调，让自然资源、生活质量与社会进步相适应。

1992 年，联合国在里约热内卢召开的环境与发展大会，通过了以可持续发展为核心的《里约环境与发展宣言》《21世纪议程》等文件。1993年，联合国粮农组织（FAO）在《可持续土地利用评价纲要》中对可持续耕地利用的定义为：如果预测到一种耕地在未来相当长的一段时间内不会引起耕地适宜性的退化，则可认为这样的耕地利用是可持续的。1994年，中国公布了《中国21世纪人口、环境与发展白皮书》，把可持续发展战略纳入我国经济和社会发展的长远规划。

目前对于耕地利用必须坚持可持续发展的路径，随着城乡居民的消费升级，粮食需求呈现刚性增长的态势，粮食供求关系依然偏紧，因此，要守住粮食安全的底线，保证我国粮食有效供给。稳数量、提质量、保生态的耕地"三位一体"保护，是提高耕地资源可持续利用能力的重要措施。目前仍然存在乱占耕地、占优补劣等现象，耕地利用过程中对农药、化肥等化学制品的过度使用，已经威胁到耕地的生态系统健康。

第**3**章

流域概况与数据处理

3.1 流域概况

3.1.1 流域整体概况

(1) 自然地理概况

辽河流域位于我国东北地区南部，是我国七大流域之一，是我国重要的工业基地和商品粮基地。辽河流域发源于河北省平泉市七老图山脉的光头山，地跨河北省、内蒙古自治区、吉林省和辽宁省，最终在辽宁省盘山县的双台子河口注入渤海。辽河全长约1345km，辽河拥有东、西两个源头，吉林省是辽河东源——东辽河的发源地，同时也是辽河西源——西辽河的流经地（流经双辽市）。吉林省辽河流域总体上位于吉林省中南部，处于整个辽河流域的上游。

吉林省辽河流域包括东辽河、西辽河、招苏台河、条子河等干支流，行政区域涉及辽源市的东辽县、龙山区、西安区，四平市的双辽市、梨树县、伊通县、铁东区、铁西区以及公主岭市（自2020年6月起从由四平市代管改为由长春市代管）9个县（市、区）。

流域地势由东南向西北缓降，东南部地势较高，多为低山丘陵，由大黑山脉及以东地区构成，中西部为台地及平原区。流域最高海拔为650m，平均海拔328m。海拔最高的是辽源市，平均海拔达350m，海拔最低的是双辽市，平均海拔仅为130m。流域地形总体平缓，约有2/3的区域坡度小于5°，且主要集中在流域西部。四平市东南和伊通县西北部分区域坡度在5°以上，但基本上小于15°。流域坡长较长，平均坡长为1.5km，占整个区域的90%以上。

流域属于温带半湿润半干旱的季风气候，春季干燥多风沙，夏季炎热短促，秋季凉爽多雨，冬季寒冷漫长。全年盛行西南风，平均无霜期为125~140天，多在5月上旬终霜，9月下旬初霜。流域年平均气温在4.4~8.1℃之间，多年平均气温为6.3℃，年最高气温基本集中在7月和8月。平均年降水量在453.7~870mm之间，平均降水量为647.92mm。

流域土壤以钙层土和淋溶土为主。钙层土主要分布在流域的西北，淋溶土主要分布在流域的东南，二者过渡带处点缀着半淋溶土和半水成土。其中四平市、辽源市地处吉林省境内的黑土行政分布区，其土壤表层有机质含量为 3%～6%，高者达 15% 以上。

流域处于针阔混交林向草原的过渡地带，所以具有森林植被的特点。流域内以大黑山脉作为分界线，东南部为吉林省辽河流域上游地区，西北部为流域下游地区。上游地区主要位于吉林省辽源市，是长白山的余脉，植被属长白山植被区系，植物物种较为丰富。植被类型以次生林、阔叶林为主，主要树种有黑松、落叶松、蒙古栎、山杨、白桦等；草本植物有细辛、穿地龙、玉竹、天南星、蕨类植物等。中下游位于吉林省四平市地区，多为耕地，沿河两岸均为水田地，耕地田块四周种植带状农田防护林，主要为人工杨树林，其北部位于松嫩平原的南缘，植被类型属西伯利亚蒿群植被区系，植被类型主要为碱蓬碱蒿草地、禾草草地和羊草草地。

（2）流域管理情况

吉林省辽河流域主要包括东辽河、招苏台河及条子河三条干（支）流，每条河流又有众多支流。根据 2022 年吉林省水资源公报显示，四平市水资源总量为 52.57 亿立方米，占全省水资源总量的 7.46%，其中，地表水资源量为 41.83 亿立方米，地下水资源量为 14.66 亿立方米，重复计算量 3.92 亿立方米。辽源市水资源总量为 23.39 亿立方米，占全省水资源总量的 3.32%，其中，地表水资源量为 22.32 亿立方米，地下水资源量为 3.85 亿立方米，重复计算量 2.78 亿立方米。总体上，吉林省辽河流域属于水资源贫乏区，河流流量较小，在枯水期有的河段甚至出现断流现象。流域内主要干支流的自然特征如表 3-1 所列。

表 3-1　流域内主要干支流的自然特征

河流名称	流域面积/km²	河道长度/km		河道坡度/%	
		分水岭至河口	河源至河口	分水岭至河口	河源至河口
东辽河	10136	322	322	0.5	0.5
招苏台河	1147	104	104	1	0.9
小辽河	1140	95.5	95.5	0.8	0.8
兴开河	808	92	92	0.9	0.9
温德河	544	63.2	63.2	1.3	1.1
孤山河	531	56	56	1.4	1.4
小孤山河	531	33.2	33.2	1.7	1.7
卡伦河	523	61.3	61.3	1.4	1.3

河流名称	流域面积/km²	河道长度/km		河道坡度/‰	
		分水岭至河口	河源至河口	分水岭至河口	河源至河口
条子河	463	59.2	59.2	1.1	1
渭津河	383	34.8	34.8	2.5	2.4
二道河	346	40	40	2.1	2
灯杆河	283	31.8	31.8	2.1	2

东辽河发源于东辽县吉林哈达岭山脉小寒葱顶子峰东南,全长 406km,流域面积 10136km²,多年平均径流量 3.7 亿立方米,是吉林省辽河流域主要河流中流量最大的一条,也是唯一一条无断流的河流,在吉林省境内长约 322km。其中,流域面积在 500km² 以上的主要支流有小孤山河、孤山河、卡伦河、小辽河、温德河和兴开河等。

招苏台河发源于梨树县三家子乡王相屯土们岭,主要分布在梨树县,于梨树县喇嘛乡东围子入辽宁省昌图县,在辽宁省境内汇入辽河,出省境断面为六家子。招苏台河主要支流为条子河,多年平均径流量为 0.46 亿立方米。

条子河为招苏台河在吉林省内的主要支流,发源于梨树县石岭镇兰家沟,条子河由南河、北河、仙马泉河、小红嘴河 4 条支流组成。主要分布在四平市区,于梨树县喇嘛乡进入辽宁省昌图县,在辽宁省境内汇入招苏台河,出省境断面为林家,条子河在吉林省境内长约 59.2km。

西辽河是辽河干流的另一主要支流,分为南北两源,于内蒙古汇合成为西辽河干流,经内蒙古通辽市流入吉林省双辽市,经双辽市出省境后入内蒙古金宝屯,此后经内蒙古流入辽宁,在辽宁省康平县与东辽河汇合汇成辽河干流,出省境断面为金宝屯。西辽河水量较少,在枯水期基本为断流状态。

吉林省辽河流域地表水资源量年际变化较大,东辽河最枯年份来水量占多年平均来水量的 9.3%,招苏台河最枯年份来水量占多年平均来水量的 20.0%。各河流流量年内分布不均,具有明显的季节变化,每年 3、4、5、10 月份为平水期,6～9 月份为丰水期,径流量占年径流量的 60%～70%,11 月份进入枯水期,流量显著减少,有的河段甚至出现断流现象。

根据工程规模、保护范围和重要程度,按照《水利水电工程等级划分及洪水标准》(SL 252—2017),水库工程分为 5 个等别:大(1)型水库,总库容＞10 亿立方米;大(2)型水库,总库容 1 亿～10 亿立方米;中型水库,总库容 0.1 亿～1 亿立方米;小(1)型水库,总库容 0.01 亿～0.1 亿立方米;小(2)型水库,总库容 0.001 亿～0.01 亿立方米。流域范围内现有大、中、小型水库 111 座,其中大(1)型水库 1 座,大(2)型水库 1 座,中型水库 16 座,小(1)型水库 21 座，小（2）型水库 72 座。总库容 24.15 亿立方米。

二龙山水库也叫二龙湖，位于吉林省四平市东部，地处东辽河流域，总库容 17.92 亿立方米，水面面积 103km²，属丘陵型水库，是流域内第一大人工水库。水库于 1943 年在天然形成的二龙湖修建水坝，建成后改名为二龙山水库，是集防洪、灌溉、城市供水、发电、养鱼、旅游等综合利用的水利工程。

二龙山水库上游建有八一、三良、椅山、金满 4 座中型水库。二龙山水库库区周围，孤山河支流杨树河上游建有欢欣岭水库，在 20 家子河中游建有 20 家子水库，卡伦河、小辽河、温得河、双山灌区二排干的中上游分别建有卡伦、杨大城子、川头、双山 4 座中型水库，兴开河上游建有玻璃城子水库。近年来，由于降水量的减少，水库的蓄水量普遍不足，中、小型水库多数处于死水位下运行，70％塘坝处于无水可供状态。

杨木水库位于辽源市东北部，距辽源市 14km，是东辽河上游的控制性工程。坝址位于寿山镇杨木村杨木嘴子。水库控制面积 400km²，总库容 1.01 亿立方米，是一座以城市防洪为主，结合城市供水、养鱼等综合利用的大（2）型水库。

（3）社会经济概况

吉林省辽河流域人口约 348.21 万人，占全省人口的 14.83％，是全省人口密度较高的区域之一，流域人口及城镇化率情况详见表 3-2。

表 3-2　流域人口与城镇化率

区域	人口总量/万人	城镇人口/万人	城镇化率/%
铁西区	29.35	21.90	74.62
铁东区	29.62	24.31	81.47
梨树县	50.10	18.36	36.65
伊通县	30.97	10.42	33.65
公主岭市	85.43	39.11	45.78
双辽市	29.75	13.92	46.79
龙山区	31.72	28.24	89.30
西安区	13.08	11.68	89.30
东辽县	21.42	5.29	24.70

2022 年，流域共实现国内生产总值 1207.19 亿元，占全省生产总值的 9.24％。其中，第一产业增加值实现 331.34 亿元，主要以农业种植和牧业养殖为主；第二产业增加值为 263.20 亿元，主要以化工、造纸、食品加工、啤酒和机械制造业为主；第三产业增加值为 612.60 亿元。农林牧渔业产值 650.56 亿元，占国内生产总值 53.89％。

流域作为全省农业种植和牧业养殖的重点区域，各县（市）均为吉林省重要的商品粮生产基地，对保障吉林省粮食安全发挥着重要作用。流域粮食作物播种面积和产量稳定，其中经济作物总面积5.41万公顷，粮食播种总面积100.80万公顷，主要以玉米、水稻、大豆、高粱等为主要种植作物。其中玉米播种总面积90.13万公顷，稻谷播种总面积5.33万公顷，粮食总产量807.73万吨。畜牧业发展迅速，猪、牛、羊、禽等均实现出栏量增长，全流域整体畜牧业规模大，商品率高。

3.1.2 流域内区域概况

（1）铁西区

铁西区位于吉林省中部平原地区，东北松辽平原的腹地，东与铁东区隔长大铁路相望，西、南同辽宁省昌图县接壤，北部与梨树县相毗邻。铁西区地势总体上呈现东北高、西南低的特征，地处长白山余脉向松辽平原的过渡地带。土壤以暗棕壤、黄土和冲积土为主。

铁西区下辖5个街道办事处和1个经济技术开发区，总面积174.98km²。总人口29.35万人，其中城镇人口21.90万人，城镇化率74.62%。2022年，铁西区地区生产总值106.1亿元，比上年增长1%。其中，第一产业增加值2.7亿元，比上年增长1.7%；第二产业增加值33.9亿元，比上年下降3.8%；第三产业增加值69.5亿元，比上年增长3.4%。三次产业占比为2.6∶31.9∶65.5。

2022年，铁西区粮食作物播种面积8829hm²，比上年增长0.39%。其中，稻谷播种面积5.9hm²，比上年下降21%；玉米播种面积8782.2hm²，比上年增长0.3%；豆类播种面积40.6hm²，比上年增长39%。粮食作物总产量达6.32万吨。

（2）铁东区

铁东区位于吉林省西南部，南接辽宁省铁岭市的昌图县、西丰县，北连四平市梨树县，东邻吉林省辽源市，西与四平市铁西区隔长大铁路相望。铁东区地势总体上呈现东南地势高，西北地势低的特征，地处松嫩平原中部地区，全区海拔在146～200m之间。土壤主要以黑土为主，土壤养分贮量和肥力较高，土质肥沃。

铁东区下辖1乡3镇和8个街道办事处，总面积904.99km²。总人口29.62万人，城镇人口24.31万人，城镇化率约为81.47%。2022年，铁东区地区生产总值88.4亿元，同比增长5.6%。其中，第一产业增加值3.8亿元，同比增长6.7%；第二产业增加值38.5亿元，同比增长7.2%；第三产业增加值46.2亿元，同比增长4.2%。三次产业占比为4.2∶43.5∶52.3。

2022年，铁东区粮食播种面积和经济作物面积都增加，经济作物面积为

447hm²，比上年增长 2.75％；粮食作物播种面积为 19958hm²，比上年增长 0.23％。稻谷播种面积 107hm²，比上年下降 14.4％；大豆播种面积 190hm²，比上年下降 2.06％；玉米播种面积 19650hm²，比上年增长 0.43％。粮食总产量 14.17 万吨，比上年增长 0.14％。

（3）梨树县

梨树县地处松辽平原腹地，东部与长春市隔东辽河相望，南部与四平市区接壤，西部与辽宁省铁岭市毗连，北部与双辽市以东辽河为界。梨树县地势总体上呈现东南高、西北低的特征，全县海拔在 110～532m 之间。梨树县受地质条件和土质影响，县域土壤类型较多，共 17 个土类，39 个亚类。梨树县的水资源总量为 3.88 亿立方米，地表水资源量为 1.69 亿立方米，地下水资源量为 2.72 亿立方米，人均水资源占有量为 501m³。

梨树县辖 21 个乡镇、3 个街道、2 个省级经济开发区，总面积 3511km²。总人口 50.10 万，其中农业人口 31.74 万，是典型的农业大县，城镇化率为 36.65％。2022 年，梨树县地区生产总值 170.6 亿元，同比增长 4.7％。其中，第一产业增加值 94.8 亿元，同比增长 7.0％；第二产业增加值 16.3 亿元，同比增长 7.9％；第三产业增加值 59.5 亿元，同比增长 0.4％。三次产业占比为 55.6：9.5：34.9。

2022 年，梨树县粮食播种面积与上年几乎持平，经济作物面积减少，经济作物面积为 1.6 万公顷，比上年减少 3.10％；粮食作物播种面积为 24.8 万公顷，比上年增加了 2hm²。玉米播种面积 22.57 万公顷，比上年下降 0.04％；稻谷播种面积 9630hm²，比上年下降 15.38％；大豆播种面积 7176hm²，比上年增长 93.12％；薯类播种面积 2419hm²，比上年下降 51.36％。粮食总产量 206 万吨，比上年减少 720t。

（4）伊通县

伊通县位于吉林省的中部地区，属于辽河流域的重要组成部分。东与长春市双阳区接壤，南接东丰县和东辽县，西南与梨树县为邻，北靠长春市郊区。伊通县地势总体上呈现东南高、西北低的特征，地处长白山余脉向松辽平原过渡地带，全县海拔在 100～700m 之间。土壤以黑土、草甸土、冲积土为主，东部为灰棕壤区，中北部为黑土区。伊通县的水资源总量为 3.7 亿立方米。其中，地表水资源相对较多，年平均径流量为 2.54 亿立方米，地下水资源为 1.16 亿立方米，年人均水占有量 1194.7m³，耕地年亩均用水量 180.91m³（1 亩 ＝ 666.67m²）。

伊通县下辖 3 乡 12 镇 2 个街道，总面积为 2527.1km²。总人口约为 30.97 万人，城镇人口约为 10.42 万人，城镇化率约为 33.65％。2022 年，伊通县地区生产总值为 106.26 亿元，比上年增长 2.9％。第一产业增加值 50.14 亿元，比上年增长 7.3%；第二产业增加值为 8.19 亿元，比上年下降 2.6%；第三产业增加值为 47.93 亿元，比上年下降 0.7%。三次产业占比为 47.2∶7.7∶45.1。

2022 年，伊通县粮食播种面积和经济作物面积都增加，经济作物面积为 1682hm²，比上年增长 19.46%，粮食作物播种面积为 130894hm²，比上年增长 0.71%。玉米播种面积 12.33 万公顷，比上年下降 0.57%；稻谷播种面积 5565hm²，比上年下降 0.65%；大豆播种面积 848hm²，比上年下降 43.16%；薯类播种面积 491hm²，比上年增长 51.54%。粮食总产量 114.3 万吨，比上年增长 0.18%。

（5）公主岭市

公主岭市位于吉林省中西部，是辽河流域的重要组成部分，东邻四平市，西接长春市，南与辽源市接壤，北与松原市相连。公主岭市城区地势总体呈现东南高、西北低的特征，海拔在 100～500m 之间，位于松辽平原与长白山余脉的低山丘陵地带之间。土壤类型以钙层土、淋溶土、半淋溶土和半水成土为主。公主岭市的水资源总量为 10.22 亿立方米。其中，地表水资源相对较多，年平均径流量为 6.63 亿立方米，地下水资源为 3.59 亿立方米，年人均水占有量 1196.3m³，耕地年亩均水量 135.84m³。

公主岭市下辖 10 个街道、18 个镇、2 个乡，另辖 6 个乡级单位，总面积约为 4058km²。公主岭市总人口约 85.43 万人，城镇人口 39.11 万人，城镇化率为 45.78%。2022 年，公主岭市地区生产总值为 351.3 亿元，比上年下降 0.2%。第一产业增加值 106.45 亿元，比上年增长 14.1%；第二产业增加值为 70.05 亿元，比上年下降 13.9%；第三产业增加值为 174.8 亿元，比上年下降 1.8%。三次产业占比为 30.27∶19.97∶49.76。

2022 年，公主岭市粮食播种面积和经济作物面积都增加，经济作物面积 12457hm²，比上年增长 0.87%；粮食播种面积 31.92 万公顷，比上年增长 0.03%，其中玉米、大豆播种面积增加，薯类、稻谷播种面积减少。玉米播种面积 29.08 万公顷，比上年增长 0.13%；稻谷播种面积 1.07 万公顷，比上年下降 5.8%；大豆播种面积 2833hm²，比上年增长 47.02%；薯类种植面积 1598hm²，比上年下降 23.58%。粮食产量 267.05 万吨，比上年下降 0.28%。

（6）双辽市

双辽市地处吉林省西部，位于东、西辽河汇流区，松辽平原与科尔沁草原接壤带。南接辽宁省昌图县和吉林省梨树县，东邻公主岭市，北靠松原市长岭县，西连内蒙古自治区哲里木盟科尔沁左翼中旗和后旗。双辽市总体地势东高西低，北岗南洼，海拔在 106～214m 之间。土壤以黑钙土、新积土、风砂土为主。双辽市的水资源总量约为 8.5 亿立方米。其中，地表水资源量年均约 4.8 亿立方米，地下水资源储量约 3.7 亿立方米，年人均水资源占有量约 980m³，耕地年亩均水量约 120m³。

双辽市辖 6 个街道，12 个乡镇，总面积 3121.2km²。总人口 29.75 万人，其中，城镇人口 13.92 万人，城镇化率 46.79%。2022 年，双辽市地区生产总值 110.31 亿元，比上年增长 4.9%。其中，第一产业增加值 46 亿元，比上年增长 6.9%；第二产业增加值 21.51 亿元，比上年下降 0.1%；第三产业增加值 42.79 亿元，比上年增长 4.5%。

2022 年，双辽市粮食播种面积增加，经济作物面积减少，经济作物面积为 1.4 万公顷，比上年下降 20.92%；粮食作物播种面积为 17.69 万公顷，比上年增长 1.49%。玉米播种面积 13.75 万公顷，比上年下降 1.92%；稻谷播种面积 2.36 万公顷，比上年下降 0.47%；大豆播种面积 1.1 万公顷，比上年增长 69.52%；薯类播种面积 663hm²，比上年下降 3.91%。粮食产量 128.27 万吨，比上年增长 0.3%。

(7) 龙山区

龙山区位于吉林省中南部，地处长白山老爷岭余脉与西部松辽平原的过渡带。东、南与东辽县接壤，西和吉林辽源高新技术产业开发区相连，北与西安区相邻。龙山区域内以低山丘陵为主，主要地貌类型有低山、丘陵、台地、河谷平地和沟谷地等。土壤类型多样，以暗棕壤、棕壤、白浆土为主。

龙山区辖 8 个街道，1 个镇，1 个乡，总面积 187.34km²。总人口 31.72 万人，城镇人口 28.24 万人，城镇化率 89.3%。2022 年，龙山区地区生产总值 111.62 亿元，比上年增长 1.5%。其中，第一产业增加值 1.48 亿元，比上年增长 4.5%；第二产业增加值 18.85 亿元，比上年增长 1.1%；第三产业增加值 91.28 亿元，比上年增长 1.6%。

2022 年，龙山区粮食播种面积增加，经济作物面积减少，经济作物面积为 204.89hm²，比上年下降 8.71%；粮食作物播种面积为 4598.69hm²，比上年增长 4.37%。玉米播种面积 4191.85hm²，比上年增长 1.40%；稻谷播种面积 224.88hm²，比上年增长 69.62%；大豆播种面积 100.56hm²，比上年增长 32.32%；薯类播种面积 40.10hm²，比上年增长 8.38%。粮食总产量达到 2.95 万吨，比上年增长 5.7%。

(8) 西安区

西安区位于吉林省中南部，辽源市西北部，地处东辽河、辉发河上游，东、南与龙山区接壤，西、北与东辽县相连。西安区地处长白山余脉与松辽平原过渡带的东辽河畔，地势总体呈现东高西低的趋势，海拔在 230～470m 之间。土壤以灰棕壤、草甸土、黑土为主。黑土主要分布在长白山余脉与松辽平原过渡地带，草甸土主要分布在河谷平原地区，灰棕壤则主要分布在山地和丘陵的坡地。

西安区下辖 1 个镇、6 个街道和 12 个社区，总面积 180km²。西安区人口总量 13.08 万人，城镇人口 11.68 万人，城镇化率 89.30％。2022 年，西安区地区生产总值 54.6 亿元，比上年增长 10.4％。第一产业增加值 0.97 亿元，比上年增长 1.1％；第二产业增加值 31.5 亿元，比上年增长 23.5％；第三产业增加值 22.1 亿元，比上年下降 0.2％。三次产业占比为 2：58：40。

2022 年，西安区经济作物面积为 194.6hm²，比上年增长 0.72％；粮食作物播种面积占比较大，达到 4878.39hm²，比上年增长 6.5％。其中，稻谷播种面积减少，玉米播种面积增加。稻谷播种面积 173.03hm²，比上年下降 13.9％；玉米播种面积 4705.35hm²，比上年增长 1.18％。粮食总产量达到 31895t，比上年增长 2.8％。

（9）东辽县

东辽县位于吉林省中南部，环绕辽源市区，呈不规则圆形，东和南与东丰县接壤，西和西南与辽宁省西丰县毗邻，北邻伊通县。东辽县地处长白山系老爷岭余脉，为东部长白山与松辽平原的过渡地带。地形以低山丘陵为主，地势相对平缓，整体上呈现出东南高、西北低的趋势。东辽县土壤类型多样，以白浆土和棕壤为主。东辽县水资源总量 9.75 亿立方米，地表水资源相对较多，年平均径流量为 9.58 亿立方米，地下水资源为 1.38 亿立方米。

东辽县辖 13 个乡（镇），总面积 2198km²。人口总量 21.42 万人，城镇人口 5.29 万人，城镇化率 24.70％。2022 年，东辽县地区生产总值 108 亿元，比上年增长 3.9％。第一产业增加值 25 亿元，比上年增长 8.2％；第二产业增加值 24.4 亿元，比上年增长 8.7％；第三产业增加值 58.5 亿元，比上年增长 0.3％。三次产业占比为 23.2：22.7：54.1。

2022 年，东辽县经济作物面积为 1355.48hm²，比上年减少 4.7％；粮食作物播种面积占比较大，达到 94747hm²，比上年增长 0.08％。其中，稻谷、小麦、玉米、其他谷物、薯类播种面积减少，豆类播种面积增加。稻谷播种面积 3330hm²，比上年下降 4.4％；小麦播种面积 3hm²，比上年下降了 57.1％；玉米播种面积 86677hm²，比上年下降 0.02％；其他谷物播种面积 163hm²，比上年下降 2.4％；薯类播种面积 679hm²，比上年下降 44.7％；豆类播种面积 3895hm²，比上年上升 26％。粮食总产量达到 67.1 万吨，比上年增长 0.6％。

3.2 数据来源与处理

3.2.1 耕地利用数据库

为明确吉林省辽河流域耕地利用及生态价值变化的时空动态特征，选取 2000 年、2010 年和 2020 年作为研究时点，建立 3 个时点的耕地利用数据库。选取 2000 年和 2010 年的遥感影像，为确保遥感影像的清晰程度，结合流域自然物候特征，选取每年 6～9 月份，分辨率 30m，影像云覆盖率＜10％。2020 年耕地利用数据主要来源于四平市和辽源市的土地利用变更调查数据库。

遥感影像数据处理如下。在 ENVI 中，运用全色锐化方法（GS）将遥感影像波段 30m 的多光谱数据和 15m 的全色数据进行融合，进行图像增强处理。采取几何校正方法，即以流域 1∶5 万地形图作为参考，采用控制点纠正方式，对遥感影像进行几何校正，平均误差小于 0.5 个像元。以土地利用变更调查数据中土地利用方式和覆盖特征为主要分类依据，在地理信息系统软件（ArcGIS）的技术平台下，运用 creat new feature 命令，进行人机交互式判读解译，结合流域地理特征，将土地利用变更调查数据中的土地利用分类进行重新归类，将土地利用类型分为耕地、林地、草地、湿地、水域、建设用地、其他用地 7 类，提取流域耕地利用矢量数据，完成土地利用变更调查数据与遥感解译数据的匹配。在此基础上，结合天地图软件，进行精度验证，选取多个样点进行实地调查以检验解译精度，通过对解译结果进行随机选点，确保矢量数据库精度满足研究的需要。

在建立流域 3 个时点耕地利用数据库的基础上，运用 ArcGIS 软件提取 3 个时点流域及各区域的耕地数量及分布信息，将 3 个时点耕地利用数据按照用地类型进行融合处理，并对其进行两两叠加，提取 2000～2020 年的耕地利用变化信息。在此基础上利用数据表转 Excel 功能，建立土地利用转换的透视表，建立耕地利用转换矩阵，分析流域及各区域耕地利用的转换特征。

将流域耕地矢量数据进行栅格转换，转为 Grid 格式，导入景观格局软件 Fragstats 中，对流域、地市及区县尺度下的耕地斑块数（number of patches，NP）、斑块密度（patch density，PD）、最大斑块指数（largest patch index，LPI）、平均斑块面积（mean patch size，AREA_MN）、平均斑块形状指数（mean shape index，SHAPE_MN）、平均斑块分维数（mean patch fractal dimension，FRAC_MN）、分离度指数（splitting index，SPLIT）和聚合度指数（aggregation index，AI）8 个景观指数进行计算，作为分析流域耕地景观格局变化特征及对耕地生态价值进行修正的依据。

耕地质量数据主要来源于流域农用地分等数据库。全国平均耕地质量等别来源于原国土资源部发布的全国耕地质量等别更新评价成果，各县（市、区）耕地质量等别来源于四平市与辽源市农用地分等定级成果数据库。对流域农用分等数据库中各耕地斑块的数量及等级进行汇总处理，提取流域及各区域耕地等级及面积占比信息。针对耕地质量限制因素分析，涉及障碍层距地表深度、剖面构型、表层土壤质地、土壤有机质含量、土壤 pH 值、盐渍化程度、排水条件等因素，在数据库中对其分级进行相应赋值，作为分析流域耕地质量限制因素及计算耕地质量限制程度的依据，利用按属性选择等功能，提取流域耕地及不同等级耕地质量的核心限制因素。

3.2.2 地形数据

高程、坡度等地形因子是影响耕地利用空间分布的重要因素。高程、坡度数据的获取过程如下：以流域1∶5万数字化定性图为数据源，提取等高线和高程点，通过等高线和高程点建立不规则的三角网（TIN），再通过线性和双线性内插生成地理高程模型（DEM），获取高程、坡度数据，利用 ArcGIS 空间分析功能，生成高程图、坡度图专题图。利用 GIS 中的自然断点法，将高程划分为5个级别：0～160m、160～216m、216～280m、280～351m、351～618m。参照相关标准，采用临界坡度分级法，针对坡度对土地利用及水保措施布设的影响，将坡度划分为5个级别：0°～2°、2°～8°、8°～15°、15°～25°、25°～65°。

3.2.3 农业基础及调查数据

流域及各区县稻谷、小麦、玉米、薯类和豆类五种粮食作物的产量及播种面积、农药使用量、化肥使用量、农膜使用量、灌溉面积、农业机械总动力等数据均来源于《吉林省统计年鉴》《辽源市统计年鉴》《四平市统计年鉴》及相关县、市统计年鉴等。全国粮食播种面积、产量、单产、价格、平均生产力来源于《中国农村统计年鉴》。不同粮食作物市场价格来源于《中国农产品价格调查年鉴》，农药市场价格、化肥市场价格来源于《全国农产品成本收益资料汇编》和《中国农村统计年鉴》。辽源市及四平市农业用水量及耗水率来源于吉林省、辽源市及四平市水资源公报，部分区县农业用水量及耗水率数据缺失，其农业耗水负向价值采用对应地级市的农业耗水负向价值进行替代。

结合实地走访与用户访谈，深入了解农民的常用耕种行为，主要针对区域农民对耕地生态价值的认知进行调查，是否有施用有机肥、农膜回收及保护性等耕种行为，对耕地生态补偿的了解程度，针对耕地生态补偿的支付意愿和受偿意愿等。经调查，发现区域大部分农民缺少耕地生态保护的意识，对耕地生态价值的认识较为薄弱，对耕地生态补偿政策的了解较少。

3.2.4 社会经济数据

流域及各区县城镇居民家庭人均可支配收入、农村居民家庭纯收入、总人口、农村人口、GDP、农业产值、城镇居民恩格尔系数、农村居民恩格尔系数均来源于《吉林省统计年鉴》《辽源市统计年鉴》《四平市统计年鉴》及相关县、市统计年鉴、国民经济和社会发展统计公报等。

吉林省人民政府办公厅印发的《吉林省落实降低社会保险费率实施方案的通知》中明确提出，吉林省城镇职工基本养老保险的缴存比例调整为16%，涉及的各县（市、区）政府为城镇居民提供的社会养老保险金采用其基本养老保险计发基数与缴存比例相乘而得，其中基本养老保险计发基数以及农村最低生活保障金额来源于吉林省人力资源和社会保障厅官方网站及吉林省民政厅、财政厅官方网站。

相应政策文本数据主要包括吉林省辽河流域国土空间规划、吉林省辽河流域山水林田湖草生态保护修复工程实施方案、吉林省辽河流域耕地水污染治理与生态修复综合规划、四平市国土空间规划、辽源市国土空间规划、四平市与辽源市高标准农田建设项目、土地综合整治项目规划、黑土地保护工程实施方案及农用地质量分等规程等。

3.2.5　数据栅格化

栅格数据是将空间分割成有规律的网格，每一个网格称为一个单元，并在各单元上赋予相应的属性值来表示实体的一种数据形式。栅格数据可以更好地表现其空间特征，相关数据均是建立在栅格数据基础之上的。由于部分图件的数据格式不同，栅格数据的像元大小不统一等问题，因此，在 ArcGIS 的技术平台下，运用 Extract by Mask 命令，将上述所有数据按照行政边界切割并栅格化，统一重采样到 30m×30m，确保各图层栅格一一对应。

第4章

流域耕地利用动态特征分析

4.1 耕地数量及类型转换分析

进行耕地利用动态特征分析是测算流域耕地生态价值及耕地生态供需的基础，对于保障国家粮食安全、优化土地资源管理和促进可持续发展具有重要意义。本书通过分析耕地数量及类型转换特征、耕地景观格局、耕地质量限制因素及耕地生态环境情况，明确吉林省辽河流域耕地变化及空间差异。

4.1.1 耕地变化幅度及速度

为明确流域耕地利用动态变化特征，采用耕地利用动态度来表示流域在不同时段耕地变化的幅度和速度，耕地动态度计算公式为：

$$K = \frac{|U_b - U_a|}{U_a} \times \frac{1}{T} \times 100 \tag{4-1}$$

式中　U_a——研究期初流域耕地面积，hm^2；

　　　U_b——研究期末流域耕地面积，hm^2；

　　　T——研究时间，a；

　　　K——当 T 设定为年时研究时段内耕地利用动态度,％。

耕地利用动态度仅能表示流域范围内耕地变化的幅度和速度，不能体现其空间差异。为分析流域范围内耕地利用变化的空间差异，选取耕地相对变化速率来进行表征，其是将区域耕地变化的动态度与流域整体耕地变化的动态度进行比较。若区域耕地变化动态度大于研流域整体耕地变化动态度，则 $R>1$，证明区域耕地变化的速度比较超前；若区域耕地变化动态度小于流域耕地整体变化动态度，则 $R<1$，证明区域耕地变化的速度比较滞后。计算公式如下：

$$R = \frac{C_a \times |U_b - U_a|}{U_a \times |C_b - C_a|} \tag{4-2}$$

式中 C_a——初期区域耕地面积总和，hm^2；

C_b——末期区域耕地面积总和，hm^2。

在明确流域耕地利用动态度及耕地相对变化速率的基础上，深入探究耕地利用类型转换的频繁程度。为了反映某一种土地利用类型转换频繁度，引入土地利用空间变化模型。计算公式如下：

$$P = \left(\frac{T_b - T_a}{\Delta U_{out} + \Delta U_{in}} \right) (-1 \leqslant P \leqslant 1) \tag{4-3}$$

式中 T_a——研究初期土地利用类型的面积，hm^2；

T_b——研究末期土地利用类型的面积，hm^2；

ΔU_{out}——某一土地利用类型转为其他土地利用类型面积的总和，hm^2；

ΔU_{in}——其他土地利用类型转变为某一土地利用类型面积的总和，hm^2；

P——某一土地利用类型转换频繁度指数，$-1 \leqslant P \leqslant 1$。

当 $0 \leqslant P \leqslant 1$ 的情况下，P 越接近于 0，说明某土地利用类型的双向变动越频繁，土地利用类型面积增长缓慢，呈平衡态势；P 越接近于 1，说明某土地利用类型的增加呈非平衡状态。$-1 \leqslant P \leqslant 0$ 的情况下，P 越接近于 0，说明某土地利用类型的双向变动越频繁，土地利用类型面积减少缓慢，呈平衡态势，P 越接近于 -1，说明某土地利用类型的减少呈非平衡状态。

通过对流域耕地面积进行统计，得到 2000～2020 年间流域耕地面积占比情况（表 4-1）。

表 4-1 2000～2020 年间流域耕地面积占比情况　　　　单位：%

地区	2000 年		2010 年		2020 年	
	耕地占土地面积比例	耕地占区域耕地比例	耕地占土地面积比例	耕地占区域耕地比例	耕地占土地面积比例	耕地占区域耕地比例
铁西区	78.40	1.06	78.00	1.06	65.85	0.92
铁东区	52.93	3.78	52.23	3.74	48.11	3.54
梨树县	85.99	23.44	85.83	23.50	83.23	23.41
伊通县	68.80	13.46	68.42	13.44	64.98	13.12
公主岭市	87.25	27.98	87.14	28.06	85.29	28.22
双辽市	74.09	17.76	73.75	17.75	74.69	18.48
龙山区	61.37	1.21	60.88	1.20	51.53	1.04
西安区	60.62	0.84	60.09	0.84	58.13	0.83

地区	2000 年		2010 年		2020 年	
	耕地占土地面积比例	耕地占区域耕地比例	耕地占土地面积比例	耕地占区域耕地比例	耕地占土地面积比例	耕地占区域耕地比例
东辽县	61.93	10.48	61.28	10.41	59.75	10.43
辽河流域	75.98	100.00	75.66	100.00	73.62	100.00

2000 年，流域耕地面积占土地总面积的比例达 75.98%，各区域的耕地面积占行政辖区土地总面积比例均较高。其中，公主岭市和梨树县的耕地面积占比达到 87.25% 和 85.99%，铁东区的占比最小，为 52.93%，其他地区的占比均在 60% 以上，耕地是流域的主要和主导用地类型。

从各区域耕地面积占流域耕地面积的比例来看，流域范围内耕地面积占比较大的仍然是公主岭市和梨树县，占比分别为 27.98% 和 23.44%，耕地占比最小的是西安区，其耕地面积占流域耕地面积的比例仅为 0.84%，铁西区、龙山区和铁东区的耕地面积占比相对较小，占比在 4% 以下，双辽市、伊通县和东辽县的占比均在 10% 以上。

2010 年，流域耕地面积占流域土地总面积的比例为 75.66%，梨树县和公主岭市的耕地面积占区域土地面积的比例分别为 85.83% 和 87.14%。其他区域耕地面积占土地面积的比例均在 50% 以上，耕地是流域的主导用地类型。流域范围内，耕地占比最大的区域是公主岭市，其次是梨树县，最小的是西安区。

2020 年流域耕地面积占土地总面积的比例为 73.62%，相对于 2000 年和 2010 年，其占比略有减少。区域内耕地面积占比较大的是公主岭市和梨树县，其占比分别为 28.22% 和 23.41%。流域主导的用地类型以耕地为主，且公主岭市和梨树县是主要的耕地贡献区。

根据相关计算公式，得到 2000～2020 年流域耕地数量变化情况（表 4-2）。

表 4-2 2000～2020 年流域耕地数量变化情况

地区	2000～2010 年			2010～2020 年			2000～2020 年		
	动态度/%	相对变化率	转换频繁度	动态度/%	相对变化率	转换频繁度	动态度/%	相对变化率	转换频繁度
铁西区	−0.05	1.2341	−0.1540	−1.56	5.7885	−0.7320	−0.80	5.1735	−0.7584
铁东区	−0.13	3.1896	−0.2120	−0.79	2.9283	−0.2635	−0.45	2.9402	−0.3179
梨树县	−0.02	0.4414	−0.0833	−0.30	1.1269	−0.2455	−0.16	1.0373	−0.2723

地区	2000～2010 年			2010～2020 年			2000～2020 年		
	动态度/%	相对变化率	转换频繁度	动态度/%	相对变化率	转换频繁度	动态度/%	相对变化率	转换频繁度
伊通县	−0.05	1.3135	−0.1560	−0.50	1.8708	−0.2782	−0.28	1.7940	−0.3176
公主岭市	−0.01	0.2865	−0.0583	−0.21	0.7922	−0.1851	−0.11	0.7265	−0.2020
双辽市	−0.05	1.1128	−0.1357	0.13	0.4752	0.0730	0.04	0.2623	0.0493
龙山区	−0.08	1.9248	−0.1530	−1.54	5.7067	−0.4586	−0.80	5.1810	−0.4934
西安区	−0.09	2.0966	−0.1790	−0.33	1.2082	−0.1329	−0.20	1.3224	−0.1729
东辽县	−0.11	2.5538	−0.2033	−0.25	0.9236	−0.1076	−0.18	1.1368	−0.1586
辽河流域	−0.04	1.0000	−0.1347	−0.27	1.0000	−0.1679	−0.15	1.0000	−0.2013

2000～2020 年间，流域耕地变化幅度为 −39957.01hm²，耕地呈减少趋势，其中 2010～2020 年间的减少幅度较大。在研究时段内，区域城市化和工业化进程加快，城镇化率不断提升，城市周边的耕地不断被挤占，是耕地减少的主要原因。其中，梨树县、伊通县和公主岭市的耕地减少幅度最大，分别为 9716.33hm²、9650.51hm² 和 8120.81hm²，耕地变化幅度与区域原有耕地面积有直接关系。

流域耕地变化动态度为 −0.15%，区域内铁西区和龙山区的耕地变化动态度最大，均为 −0.80%，证明其耕地的流失速度最快，除双辽市耕地略有增加，变化动态度为 0.04%，梨树县和公主岭市的耕地变化动态度最慢，分别为 −0.16% 和 −0.11%。从耕地相对变化率来看，铁西区和龙山区的耕地相对变化率大于 5，铁东区耕地相对变化率大于 2，梨树县、伊通县、西安区和东辽县耕地相对变化率大于 1，以上区域耕地的流失速度相对于流域整体来说较快，公主岭市和双辽市的耕地相对变化率小于 1，说明其耕地变化速度低于流域耕地的变化速度。从耕地转换频繁度来看，流域耕地转换频繁度为 −0.2013，区域内耕地转出明显快于转入，流域范围内耕地呈非均衡减少的区域是铁西区和龙山区。

2000～2010 年间，流域整体耕地面积有所减少，共减少 5352.81hm²，流域范围内各区域耕地面积均呈减少趋势。一方面随着经济的发展，农村人口不断涌入城市，城市的发展占用了周围大量的耕地，导致耕地数量的大幅度减少；另一方面随着退耕还林还草工程的推进，也是导致耕地减少的主要原因。其中，东辽县和双辽市耕地面积减少幅度最大，分别为 1431.96hm² 和 1057.92hm²，铁西区和西安区耕地面积减少幅度最小，分别为 70.12hm² 和 94.26hm²。

从耕地利用动态度来看，流域耕地利用动态变化度是 −0.04%，流域范围内铁东区和东辽县耕地的年均流失速度最快，分别为－0.13％和－0.11％，而公主岭市和梨树县耕地的年均流失速度最小，分别为－0.01％和－0.02％。从耕地利用相对变化率来看，除梨树县和公主岭市的耕地利用相对变化率小于1，其他区域的相对变化率均大于1，且铁东区、东辽县达到3.1896和2.5538，公主岭市和梨树县耕地的流失速度慢于流域，而其他区域耕地的流失速度均比流域整体的速度要快。从耕地转换频繁度来看，流域的耕地转换频繁度为－0.1347，东辽县和铁东区耕地的减少呈非均衡态势，而梨树县与公主岭市的耕地转换频繁度最接近于0，证明其耕地的减少呈均衡的态势，转换相对较为频繁。

2010～2020年间，流域耕地面积变化幅度较大，共减少34604.2hm²，其中，梨树县耕地面积的下降幅度最显著，幅度为9162.44hm²，其次是伊通县和公主岭市，幅度为8703.99hm²和7691.86hm²，西安区变化幅度最小。

从耕地动态变化度来看，流域耕地动态变化度为－0.27％，说明流域耕地在以每年0.27％的速度流失。区域内，耕地变化动态度较大的是铁西区和龙山区，分别为－1.56％和－1.54％，证明其耕地流失速度较快，其次是铁东区，变化度为－0.79％，双辽市的耕地略有增加，公主岭市、东辽县和梨树县耕地的流失速度相对较慢，分别为－0.21％、－0.25％和－0.30％。从耕地相对变化率来看，铁西区和龙山区的相对变化率较大，分别为5.7885和5.7067，铁西区和龙山区耕地流失速度比流域耕地的流失速度快且程度高。公主岭市、东辽县和双辽市的耕地相对变化率小于1，证明其耕地的变化速度慢于流域的耕地变化速度。从耕地转换的频繁度来看，流域耕地转换频繁度为－0.1679，证明耕地双向变动频繁，耕地减少呈均衡态势。铁西区的耕地转换频繁度为－0.7320，龙山区的耕地转换频繁度为－0.4586，耕地减少呈非均衡态势，耕地转出明显大于耕地转入。

4.1.2 耕地利用转换

耕地利用动态度及相对变化率等仅能体现耕地的数量变化特征，不能反映耕地与其他用地类型之间的转换信息。因此，利用土地利用转换矩阵分析流域耕地利用类型之间的转换特征。

土地利用空间转移矩阵可以全面描述区域土地利用变化的结构特征和不同土地利用类别的变化方向。转移矩阵不仅可以反映研究期开始和结束时的土地利用结构，还可以反映研究期间各种土地利用类型的转移状况，即未变化、转入、转出的方向。该方法源于系统分析中状态转换的定量描述。转移矩阵的数学公式为：

$$s_{ij} = \begin{bmatrix} s_{11} & s_{12} & \cdots & s_{1n} \\ s_{21} & s_{21} & \cdots & s_{2n} \\ \vdots & \vdots & & \vdots \\ s_{n1} & s_{n1} & \cdots & s_{nn} \end{bmatrix} \tag{4-4}$$

式中 s——土地面积，hm^2；

   n——土地利用类型数目，个。

（1）流域耕地利用转换分析

在 GIS 软件的支持下，将流域土地利用现状图进行叠加处理，通过表转 Excel 功能，建立透视表，得到 2000～2020 年间流域耕地转入转出情况（表 4-3）。

表 4-3 2000～2020 年间流域耕地转入转出情况

项目	林地	草地	湿地	水域	建设用地	其他土地	合计
转出/hm^2	22156.78	23889.91	372.05	5184.37	67546.75	77.01	119226.87
转出比/%	18.58	20.04	0.31	4.35	56.65	0.07	100.00
转入/hm^2	20846.29	37001.79	295.76	1385.01	19673.67	67.35	79269.87
转入比/%	26.30	46.68	0.37	1.75	24.82	0.08	100.00
净变化/hm^2	−1310.49	13111.88	−76.29	−3799.36	−47873.08	−9.66	−39957.00

2000～2020 年间，流域耕地转出总面积为 119226.87hm^2，耕地转为各用地类型面积的排序依次为建设用地＞草地＞林地＞水域＞湿地＞其他用地。各用地类型转为耕地的总面积为 79269.87hm^2，排序依次为草地＞林地＞建设用地＞水域＞湿地＞其他用地。

在耕地转出面积中，耕地转为建设用地的面积占绝大部分，耕地转为建设用地 67546.75hm^2，占总转出面积的 56.65%；其次是草地和林地，转出面积分别为 23889.91hm^2 和 22156.78hm^2；耕地转为水域、湿地及其他用地的面积较小，占比较低。各类地转为耕地的面积中，由草地转为耕地的面积最大，面积为 37001.79hm^2，占比为 46.68%；其次是林地，面积为 20846.29hm^2，占比为 26.30%；建设用地转为耕地的面积为 19673.67hm^2，占比为 24.82%。建设用地扩张所占用的耕地主要通过草地和林地进行补充。

2000～2010 年间，流域耕地转为各用地类型的总面积为 22552.76hm^2，耕地转为各用地类型面积的大小排序依次为草地＞建设用地＞林地＞水域＞湿地＞其他用地。由各用地类型转为耕地的总面积为 17199.95hm^2，大小排序依次为建设用地＞草地＞林地＞水域＞湿地＞其他用地。

在耕地转出面积中，耕地转为草地和建设用地的面积较大，分别为 10002.62hm^2 和 7116.55hm^2；其次是转为林地的面积，为 4699.35hm^2。各用地转为耕地的面积中，建设用地、草地转为耕地的面积较大，其次为林地。可以看出，2000～2010 年间，耕地与草地、建设用地、林地之间的相互转换较为频繁，与湿地、水域及其他用地的转换面积较小。

2010～2020 年间，流域耕地转出总面积 120375.01hm^2，耕地转变为其他用地类型面积的排序依次是建设用地＞草地＞林地＞水域＞湿地＞其他用地，流域耕地转入总面积为 85770.82hm²，各用地类型转为耕地面积的排序依次为草地＞林地＞建设用地＞水域＞湿地＞其他用地。

耕地转为建设用地 68374.37hm²，由于经济发展，城市化进程的加快，城市周围的耕地被大量占用，导致耕地数量的急剧下降。耕地转为林地和草地的面积分别为 22179.51hm² 和 24118.74hm²，林地和草地转为耕地的面积同样较大，林地转为耕地 22182.45hm²，草地转为耕地 40509.90hm²，耕地与林地和草地之间的相互转换频繁，主要是由于退耕还林还草政策和相关的土地整理工程的执行，对于山上的耕地、坡耕地等不适宜区域进行还林还草，而耕种条件比较适宜的区域，林地和草地被开垦为耕地。耕地转为水域的区域为 5233.04hm²，主要分布在河道两侧，由于丰水期和枯水期等影响，河道两侧的耕地不稳定。耕地与湿地和其他用地之间的转换不明显。

(2) 各区域耕地利用转换分析

① 铁西区

通过对铁西区土地利用现状数据进行叠加分析，得到 2000～2020 年间铁西区耕地转入转出情况（表 4-4）。

表 4-4　2000～2020 年间铁西区耕地转入转出情况

项目	林地	草地	湿地	水域	建设用地	其他土地	合计
转出/hm²	6.97	20.24	0.00	27.56	2488.93	0.00	2543.70
转出比/%	0.27	0.80	0.00	1.08	97.85	0.00	100.00
转入/hm²	1.95	8.35	0.00	2.51	336.62	0.00	349.43
转入比/%	0.56	2.39	0.00	0.72	96.33	0.00	100.00
净变化/hm²	−5.02	−11.89	0.00	−25.05	−2152.31	0.00	−2194.27

2000～2020 年，铁西区耕地总转出面积为 2543.70hm²，主要是转为建设用地，耕地转为建设用地的面积为 2488.93hm²，占总转出面积的 97.85%。各用地类型转为耕地的总面积为 349.43hm²，其中由建设用地转为耕地的面积为 336.62hm²。铁西区耕地与建设用地之间的转换频繁，转出大于转入，耕地面积减少。

2000～2010 年，铁西区耕地转出总面积为 262.68hm²，各用地类转为耕地的总面积 192.56hm²，转出大于转入，耕地面积减少，但相较于其他区域，铁西区耕地面积变化量较小，与其耕地面积基数小有较大关系。耕地主要转为建设用地，面积为 250.39hm²，占比为 95.32%，建设用地转为耕地的面积占比同样较大，铁西区耕地与建设用地之间的变换较为频繁，是耕地流失的主要原因。

2010～2020 年，铁西区耕地转出总面积为 2512.92hm²，其中，转为建设用地的总面积为 2458.25hm²，占转出总面积的 97.82%，是耕地流失的主要去向。各用地类型转入耕地的总面积为 388.77hm²，其中大部分是由建设用地转入，面积为 374.79hm²。铁西区耕地转化的主要用地类型是建设用地，与湿地和其他用地之间的转换为 0，与林地、草地和水域之间的转换面积较小。

② 铁东区

通过对铁东区土地利用现状数据进行叠加分析，得到 2000～2020 年间铁东区耕地转入转出情况（表 4-5）。

表 4-5　2000～2020 年间铁东区耕地转入转出情况

项目	林地	草地	湿地	水域	建设用地	其他土地	合计
转出/hm²	3068.77	1714.34	7.08	285.47	4123.12	0.00	9198.78
转出比/%	33.36	18.64	0.08	3.10	44.82	0.00	100.00
转入/hm²	2816.65	1638.24	3.45	13.32	289.41	0.00	4761.07
转入比/%	59.16	34.41	0.07	0.28	6.08	0.00	100.00
净变化/hm²	−252.12	−76.10	−3.63	−272.15	−3833.71	0.00	−4437.71

2000～2020 年，铁东区耕地总转出面积为 9198.78hm²，其中，耕地转为建设用地面积为 4123.12hm²，占比为 44.82%，其次是林地和草地，耕地转为林地和草地的面积为 3068.77hm² 和 1714.34hm²，占比为 33.36% 和 18.64%。各地类转为耕地的总面积为 4761.07hm²，主要由林地和草地转换而来，面积分别为 2816.65hm² 和 1638.24hm²，占比分别为 59.16% 和 34.41%。耕地与林地、草地、建设用地之间的转换频繁，转出大于转入，耕地面积减少。

2000～2010 年，铁东区耕地总转出面积为 1843.87hm²，总转入面积为 1198.95hm²。耕地主要的转出方向是草地和林地，面积分别为 771.64hm² 和 700.63hm²，两者之和占比达 80%。由林地和草地转为耕地的面积同样较大，分别为 592.57hm² 和 399.05hm²，铁东区耕地与林地、草地之间的转换频繁。

2010～2020 年，铁东区耕地转出总面积为 9094.37hm²，其中，转为建设用地的总面积为 3989.00hm²，占比 43.86%，转为林地的总面积为 3099.07hm²，占比 34.08%，是耕地主要的流失去向。各用地类型转为耕地的总面积为 5301.58hm²，其中，由林地转入的面积为 3005.83hm²，占比 56.7%，由草地转入的面积为 1943hm²，占比 36.65%，是耕地的主要补充来源。耕地与其他用地之间没有转换，与湿地和水域的相互转换面积较小。

③ 梨树县

通过对梨树县土地利用现状数据进行叠加分析，得到 2000～2020 年间梨树县耕地转入转出情况（表 4-6）。

表 4-6　2000～2020 年间梨树县耕地转入转出情况

项目	林地	草地	湿地	水域	建设用地	其他土地	合计
转出/hm²	1802.45	2175.96	5.76	1010.34	17707.53	0.00	22702.04
转出比/%	7.94	9.58	0.03	4.45	78.00	0.00	100.00
转入/hm²	2035.27	5288.04	9.06	510.14	5143.20	0.00	12985.71
转入比/%	15.67	40.72	0.07	3.93	39.61	0.00	100.00
净变化/hm²	232.82	3112.08	3.30	−500.20	−12564.33	0.00	−9716.33

2000～2020 年，梨树县耕地总转出面积为 22702.04hm²，耕地主要转为建设用地，面积为 17707.53hm²，占转出总面积的 78.00%，建设用地扩张是耕地减少的主要原因。各地类转为耕地的总面积为 12985.71hm²，以建设用地和草地为主，建设用地和草地转为耕地的面积分别为 5143.20hm² 和 5288.04hm²，两者之和占比达 80% 以上，是耕地的主要补充来源。

2000～2010 年，梨树县耕地转出总面积为 3601.93hm²，其中转为建设用地的面积最大，值为 1993.34hm²，其占比为 55.34%，其次是转为草地的面积，值为 1120.32hm²，占比为 31.10%。各用地类型转为耕地的总面积为 3048.04hm²，同样以建设用地和草地为主，面积分别为 1961.20hm² 和 577.99hm²。梨树县耕地与建设用地和草地之间的转换较为频繁。

2010～2020 年，梨树县耕地转出总面积为 23238.38hm²，其中转为建设用地的总面积 18123.41hm²，占比为 77.99%，是耕地主要的流失方向。耕地转为林地和草地的面积分别为 1863.61hm² 和 2217.55hm²，占比为 8.02% 和 9.54%。各用地类型转为耕地的总面积为 14075.94hm²，由草地转入的面积 5709.24hm²，占比为 40.56%，由建设用地转入的面积为 5605.56hm²，占比为 39.82%，由林地转入的面积为 2263.62hm²，占比为 16.08%，是耕地补充的主要来源。耕地与其他用地之间的转换为 0。

④ 伊通县

通过对伊通县土地利用现状数据进行叠加分析，得到 2000～2020 年间伊通县耕地转入转出情况（表 4-7）。

表 4-7　2000～2020 年间伊通县耕地转入转出情况

项目	林地	草地	湿地	水域	建设用地	其他土地	合计
转出/hm²	5458.89	4304.12	24.37	858.84	9369.84	0.00	20016.06
转出比/%	27.27	21.50	0.12	4.29	46.81	0.00	100.00
转入/hm²	4613.70	4425.95	28.14	184.00	1113.75	0.00	10365.54

项目	林地	草地	湿地	水域	建设用地	其他土地	合计
转入比/%	44.51	42.70	0.27	1.78	10.74	0.00	100.00
净变化/hm²	−845.19	121.83	3.77	−674.84	−8256.09	0.00	−9650.52

2000～2020 年，伊通县耕地总转出面积 20016.06hm²，其中耕地转为建设用地的面积为 9369.84hm²，面积占比 46.81%，耕地转为林地和草地的面积为 5458.89hm² 和 4304.12hm²，占比为 27.27% 和 21.50%。各用地类型转为耕地的总面积为 10365.54hm²，主要是由林地和草地转入，林地和草地转为耕地的面积为 4613.70hm² 和 4425.95hm²，两者之和占比超过 85%，是耕地主要的补充来源。耕地与其他用地之间没有转换关系，与湿地和水域的转换面积及占比较小。

2000～2010 年，伊通县耕地总转出面积为 3506.63hm²，耕地总转入面积为 2560.10hm²，转出大于转入，耕地面积减少 946.53hm²。耕地面积减少的主要原因是草地和林地的侵占，退耕还林还草政策的实施，耕地转为林地和草地的面积增加。其次是耕地与建设用地之间的转换相对频繁，与湿地与水域之间的变化不显著，与其他用地之间无转换关系。

2010～2020 年，伊通县耕地转出总面积为 19997.87hm²，其中转为建设用地的面积为 9473.92hm²，占比 47.37%；转为林地和草地的面积为 5399.23hm² 和 4238.65hm²，占比为 27.00% 和 21.20%，是耕地主要的流失去向。各用地类型转为耕地的总面积为 11293.88hm²，由林地和草地转入的面积 4711.15hm² 和 5103.63hm²，占比为 41.71% 和 45.19%，是耕地的主要补充来源。耕地与建设用地、林地、草地之间转换频繁，与湿地、水域、其他用地转换较不频繁，耕地主要的流失方向是转为建设用地，主要的补充来源是林地和草地。

⑤ 公主岭市

通过对公主岭市土地利用现状数据进行叠加分析，得到 2000～2020 年间公主岭市耕地转入转出情况（表 4-8）。

表 4-8　2000～2020 年间公主岭市耕地转入转出情况

项目	林地	草地	湿地	水域	建设用地	其他土地	合计
转出/hm²	754.44	1544.76	52.12	700.06	21113.36	0.00	24164.74
转出比/%	3.12	6.39	0.22	2.90	87.37	0.00	100.00
转入/hm²	775.34	5213.35	169.63	177.94	9700.12	7.53	16043.91
转入比/%	4.83	32.49	1.06	1.11	60.46	0.05	100.00
净变化/hm²	20.90	3668.59	117.51	−522.12	−11413.24	7.53	−8120.83

2000～2020年，公主岭市耕地转出总面积为24164.74hm²，耕地转入总面积为16043.91hm²，转出大于转入，耕地面积净减少8120.83hm²。其中，建设用地扩张占用的耕地面积是耕地转出面积的87.37%，是耕地主要的流失去向。而建设用地转为耕地的面积最大，为9700.12hm²，其次是草地，草地转为耕地的面积为5213.35hm²。公主岭市耕地与建设用地之间的相互转换频繁，转出大于转入，耕地与建设用地之间转换的净变化量为−11413.24hm²。

2000～2010年，公主岭市耕地总转出面积为3894.05hm²，各用地类转为耕地的总面积为3465.10hm²，转出大于转入。耕地转出面积中，转为建设用地的面积最大，为2758.72hm²，占比达到70.84%，其次是草地。由建设用地和草地转为耕地的面积同样较大，公主岭市耕地与建设用地、草地之间的转换频繁，是耕地主要的流失方向。

2010～2020年，公主岭市耕地转出的总面积为24617.92hm²，其中转为建设用地的面积为21543.02hm²，占比为87.51%，公主岭市绝大部分耕地被建设用地占用。各用地类型转为耕地的总面积为16926.06hm²，其中由建设用地转入10323.05hm²，占比60.99%；由草地转入5210.98hm²，占比为30.79%。公主岭市耕地与建设用地之间的转换频繁，转出明显大于转入，耕地减少的主要原因是建设用地的占用。

⑥ 双辽市

通过对双辽市土地利用现状数据进行叠加分析，得到2000～2020年间双辽市耕地转入转出情况（表4-9）。

表4-9 2000～2020年间双辽市耕地转入转出情况

项目	林地	草地	湿地	水域	建设用地	其他土地	合计
转出/hm²	1276.68	8629.04	108.75	1359.39	6482.82	77.01	17933.69
转出比/%	7.12	48.12	0.61	7.58	36.15	0.43	100.00
转入/hm²	1868.22	14984.30	0.22	195.63	2686.81	59.82	19795.00
转入比/%	9.44	75.70	0.00	0.99	13.57	0.30	100.00
净变化/hm²	591.54	6355.26	−108.53	−1163.76	−3796.01	−17.19	1861.31

2000～2020年，双辽市耕地总转出面积为17933.69hm²，各用地类型转为耕地的总面积为19795.00hm²，转出小于转入，耕地面积增加1861.31hm²。双辽市耕地的主要流失方向是草地和建设用地，耕地转为草地的面积为8629.04hm²，转为建设用地的面积为6482.82hm²，两者之和占比超80%。但从各用地类型转为耕地的面积来看，草地转为耕地的面积最大，为14984.30hm²，占比为75.70%，是双辽市耕地的主要补充来源，耕地与草地之间的转换净增耕

地 6355.26hm²，耕地与林地之间的转换净增 591.54hm²，草地和林地是双辽市耕地主要的补充来源。

2000～2010 年，双辽市耕地总转出面积为 4426.63hm²，各用地类转为耕地的总面积为 3368.71hm²，耕地面积减少。其中，耕地与草地之间的转换频繁且占比较大，耕地转为草地的面积为 3133.57hm²，草地转为耕地的面积为 2071.43hm²，与草地之间的转换导致耕地净减少 1062.14hm²，因此双辽市耕地主要的流失方向是草地。

2010～2020 年，双辽市耕地转出总面积为 18526.76hm²，其中转为草地的面积为 8973.36hm²，占比 48.43％；转为建设用地的面积为 6666.23hm²，占比 35.98％，草地和建设用地是耕地主要的转出方向。各用地类型转为耕地的总面积 21445.99hm²，其中由草地转入的面积为 16130.02hm²，占比 75.21％，是耕地主要的补充来源。双辽市耕地与草地和建设用地转换频繁，转入大于转出，耕地面积净增长 2919.23hm²。

⑦ 龙山区

通过对龙山区土地利用现状数据进行叠加分析，得到 2000～2020 年间龙山区耕地转入转出情况（表 4-10）。

表 4-10　2000～2020 年间龙山区耕地转入转出情况

项目	林地	草地	湿地	水域	建设用地	其他土地	合计
转出/hm²	872.79	355.33	0.00	185.29	2365.04	0.00	3778.45
转出比/％	23.10	9.40	0.00	4.90	62.59	0.00	100.00
转入/hm²	808.39	339.38	0.00	27.88	106.20	0.00	1281.85
转入比/％	63.06	26.48	0.00	2.18	8.28	0.00	100.00
净变化/hm²	−64.40	−15.95	0.00	−157.41	−2258.84	0.00	−2496.60

2000～2020 年，龙山区耕地总转出面积为 3778.45hm²，各用地类型转为耕地的总面积为 1281.85hm²，转出大于转入，耕地面积减少。其中，耕地转为建设用地和林地的面积较为显著，转为建设用地 2365.04hm²，转为林地 872.79hm²，两者之和占比超过 85％。各用地类转为耕地的面积中，林地转为耕地的面积最大，为 808.39hm²。龙山区耕地与湿地和其他用地之间无转换关系，与其他用地类型之间的转换，转出均大于转入，因此，各用地类型均对耕地有侵占。

2000～2010 年，龙山区耕地转出总面积为 468.25hm²，各用地转为耕地的总面积为 344.00hm²，整体来看，耕地面积变化相对于其他区域来说较小。其中，耕地与林地之间的相互转换最为显著，耕地转为林地的面积为 213.06hm²，林地转为耕地的面积为 165.65hm²，其次是与草地之间的转换，耕地与草地之间的转换导致耕地减少 70.80hm²。

2010～2020 年，龙山区耕地转出总面积为 3772.75hm²，其中，转为建设用地的面积为 2366.95hm²，占比 62.74%；转为林地的面积为 867.45hm²，占比 22.99%，是耕地的主要流失类型。各用地类型转为耕地的总面积为 1400.40hm²，其中，由林地转入的面积为 846.18hm²，占比 60.42%；由草地转入的面积为 401.37hm²，占比 28.66%，林地和草地是耕地主要的补充来源。

⑧ 西安区

通过对西安区土地利用现状数据进行叠加分析，得到 2000～2020 年间西安区耕地转入转出情况（表 4-11）。

表 4-11　2000～2020 年间西安区耕地转入转出情况

项目	林地	草地	湿地	水域	建设用地	其他土地	合计
转出/hm²	659.07	353.60	0.00	33.37	459.04	0.00	1505.08
转出比/%	43.79	23.49	0.00	2.22	30.50	0.00	100.00
转入/hm²	549.48	369.03	49.86	22.89	70.00	0.00	1061.26
转入比/%	51.78	34.77	4.70	2.15	6.60	0.00	100.00
净变化/hm²	−109.59	15.43	49.86	−10.48	−389.04	0.00	−443.82

2000～2020 年，西安区耕地总转出面积为 1505.08hm²，其中转为林地的面积最大，为 659.07hm²，其次是转为建设用地，面积为 459.04hm²，是耕地主要的流失方向。各用地类型转为耕地的总面积为 1061.26hm²，以林地和草地为主，林地和草地转为耕地的面积占比超过 85%，是耕地主要的补充来源。

2000～2010 年，西安区耕地总转出面积为 310.48hm²，耕地总转入面积为 216.22hm²，耕地面积减少 94.26hm²。耕地与林地和草地之间的变换较为显著，耕地与草地之间的转换导致耕地面积减少 73.44hm²，耕地与林地之间的转换导致耕地面积减少 14.02hm²，因此，转为林地和草地是西安区耕地面积减少的主要原因。

2010～2020 年，西安区耕地转出总面积为 1489.71hm²，其中转为林地的面积 648.58hm²，占比为 43.54%；转为建设用地和草地的面积为 458.51hm² 和 349.06hm²，占比为 30.78% 和 23.43%。各用地类型转为耕地的总面积为 1140.16hm²，其中，由林地和草地转入的面积分别为 560.49hm² 和 429.63hm²，占比为 49.16% 和 37.68%。西安区耕地与林地和草地的相互转换频繁，转出大于转入，耕地面积减少 349.55hm²。

⑨ 东辽县

通过对东辽县土地利用现状数据进行叠加分析，得到 2000～2020 年间东辽县耕地转入转出情况（表 4-12）。

表 4-12　2000～2020 年间东辽县耕地转入转出情况

项目	林地	草地	湿地	水域	建设用地	其他土地	合计
转出/hm²	8256.73	4792.52	173.97	724.06	3437.06	0.00	17384.34
转出比/%	47.50	27.57	1.00	4.16	19.77	0.00	100.00
转入/hm²	7377.29	4735.14	35.39	250.69	227.57	0.00	12626.08
转入比/%	58.43	37.50	0.28	1.99	1.80	0.00	100.00
净变化/hm²	−879.44	−57.38	−138.58	−473.37	−3209.49	0.00	−4758.26

2000～2020 年，东辽县耕地总转出面积 17384.34hm²，各用地类转为耕地的总面积为 12626.08hm²，转出大于转入，耕地面积减少。耕地转出的主要用地方向是林地，耕地转为林地面积 8256.73hm²，其占比达到 47.50%；由林地转为耕地的面积较大，为 7377.29hm²，耕地与林地之间的转换，转出大于转入，耕地净变化 879.44hm²。

东辽县、龙山区和西安区耕地与林地之间的转换均较为显著，耕地转为林地的面积较大，与辽源市实行的百万亩造林工程有较大的关系，由于辽源市森林资源总量严重不足，森林覆盖率仅为 31.6%，远低于吉林省 43.9% 的平均水平，周边同类城市通化的森林覆盖率为 67.0%，白山的森林覆盖率为 83.2%，吉林的森林覆盖率为 54.9%，延边的森林覆盖率为 80.9%，以上城市均被森林簇拥环抱，自然环境优良，与辽源市形成了鲜明对比。辽源市森林资源大多分布于低山和丘陵台地，无法满足当前广大人民群众对于良好生态环境的内在需求。因此，在百万亩造林工程规划中，林地主要侵占的是耕地空间，是造成其耕地与林地之间相互转换的主要原因。

2000～2010 年，东辽县耕地总转出面积为 4238.24hm²，耕地总转入面积为 2806.28hm²，耕地面积减少 1431.96hm²。与西安区、龙山区的转化相似，东辽县耕地与林地和草地之间的转换最为频繁，其中耕地转为草地和林地的面积分别为 2052.90hm² 和 1786.29hm²，两者之和占比达到 90%，由林地和草地转为耕地的面积占比之和同样达到 90%。耕地减少的主要原因是与草地和林地之间的转换，其次是转为建设用地。

2010～2020 年，东辽县耕地转出总面积为 17124.35hm²，其中转为林地的面积最大，为 8207.89hm²，占比为 47.93%；转为草地的面积次之，为 4705.43hm²，占比为 27.48%。各用地类型转为耕地的总面积为 13798.04hm²，其中林地和草地转为耕地的面积较大，分别为 7651.49hm² 和 5572.32hm²，占比分别为 55.45% 和 40.38%。东辽县耕地与林地和草地之间的转换频繁，转出大于转入，耕地面积减少。东辽县整体地势较高，山地多，林地和草地的分布较广。

4.1.3 耕地利用地形梯度

基于 GIS 的技术平台，将高程分级结果与耕地利用数据进行叠加处理，得到流域耕地在不同高程分级上的数量分布情况（表 4-13）。

表 4-13　流域耕地在不同高程分级上的分布情况　　　　单位：%

地区	1 级	2 级	3 级	4 级	5 级
铁西区	30.45	69.11	0.44	0.00	0.00
铁东区	0.28	32.31	46.35	19.42	1.64
梨树县	58.84	34.30	5.06	1.61	0.19
伊通县	0.01	4.07	61.11	30.55	4.26
公主岭市	19.07	63.38	17.27	0.29	0.00
双辽市	88.07	11.87	0.06	0.00	0.00
龙山区	0.00	0.00	29.00	66.78	4.22
西安区	0.00	0.02	34.63	61.24	4.11
东辽县	0.00	1.34	27.74	51.36	19.55
辽河流域	35.72	30.56	19.22	11.72	2.78

流域耕地分布在高程 1 级上的面积占比为 35.72%，分布在高程 2 级的面积占比为 30.56%，高程 1 级和 2 级是耕地主要的分布区域，高程 3 级和 4 级耕地的分布比例之和达 30.94%，高程 5 级耕地分布占比 2.78%。说明流域耕地仍然有"上山"的现象。一部分受地形限制，耕地资源禀赋先天不足，另外部分原因在于城市周边的耕地被建设用地占用后，鉴于耕地占一补一的政策，在平原区可补耕地较少，因此，部分地区选择在山上补充耕地，耕地上山并撂荒的现象，有悖于藏粮于地的耕地保护方针，耕地分布格局有待进一步优化。

从各区域的分布来看，在高程 1 级区耕地占比最大的区域有梨树县和双辽市，占比分别为 58.84% 和 88.07%，在高程 2 级区耕地占比最大的区域有铁西区、公主岭市，占比分别为 69.11% 和 63.38%，证明梨树县、双辽市、公主岭市和铁西区的耕地大部分位于高程较低的区域。在高程 3 级区耕地占比最大的区域有铁东区和伊通县，其耕地大部分分布在高程 216～280m 的范围内。高程 4 级区耕地占比最大的区域有龙山区、西安区和东辽县，占比分别为 66.78%、61.24% 和 51.36%，其耕地主要分布在 280～351m 范围内，受地形限制较大，辽源市地形以丘陵为主，间有少量低山，属低山丘陵区，因此，耕地分布的高度限制较大。另外，东辽县耕地高程 5 级区的占比为 19.55％，是流域范围内高程 5 级区分布最大的区域。伊通县、龙山区和西安区耕地在高程 5 级区的分布比例分别为 4.26％、4.22％和 4.11％，其他区域分布相对较小。

基于 GIS 的技术平台，将坡度分级结果与耕地利用数据进行叠加处理，得到流域耕地在不同坡度分级上的数量分布情况（表 4-14）。

表 4-14　流域耕地在不同坡度分级上的分布情况　　　　单位：%

地区	1 级	2 级	3 级	4 级	5 级
铁西区	24.90	58.75	14.10	2.16	0.08
铁东区	14.76	53.62	24.91	6.32	0.39
梨树县	23.64	58.95	15.11	2.21	0.09
伊通县	16.13	56.43	22.02	4.99	0.43
公主岭市	17.44	56.04	20.83	5.05	0.64
双辽市	19.98	58.13	17.70	3.62	0.57
龙山区	17.40	60.74	19.49	2.31	0.06
西安区	13.50	58.14	24.19	4.01	0.16
东辽县	14.32	57.10	24.31	4.11	0.16
辽河流域	18.80	57.28	19.53	4.00	0.40

流域耕地在坡度 1 级上的分布比例为 18.80％，在坡度 2 级上的分布比例为 57.28％，在坡度 3 级上的分布比例为 19.53％，在坡度 4 级上分布比例为 4.00％，在坡度 5 级上的分布比例为 0.40％。流域耕地大部分分布在坡度 2°～8°，其次是坡度位于 0°～2°和 8°～15°之间，坡度介于 15°～25°和 25°～65°之间的仍有分布，坡耕地仍存在，空间分布有待优化。

从各区域分布来看，各区域的耕地大部分都分布在坡度 2 级的区域，占比均超过 50％，最大的是双辽市，占比为 60.74％；最小的是铁东区，占比为 53.62％。在坡度 1 级区域耕地分布比例最大的区域是铁西区，占比为 24.90％；其次是梨树县，占比为 23.64％；其他区域在 20％以下。在坡度 3 级区域耕地分布比例最大的区域是铁东区，其次是西安区和东辽县，占比分别为 24.91％、24.19％和 24.31％，铁西区的分布比例最小，占比为 14.10％。在坡度 4 级上耕地占比最大的区域是铁东区，占比为 6.32％；其次是公主岭市，占比为 5.05％。各区域耕地在坡度 5 级范围内均有分布，占比较小，均在 1％以下。坡度介于 15°～25°之间的耕地水土流失较为严重，应该采取相应的工程、生物综合措施进行水土流失治理及防治。《中华人民共和国水土保持法》中明确规定大于 25°是开荒限制坡度，即不准开荒种植农作物，已经开垦为耕地的，要逐步退耕还林还草。

4.2 耕地景观格局分析

4.2.1 景观格局指数

随着人们对土地利用变化规律认识的加深，基于景观生态学理论研究土地利用景观格局演变相继产生。景观生态学是地理学与生态学的一个交叉边缘学科，运用生态系统的原理和方法研究景观的结构和功能、景观的动态变化以及其相互作用的机理、景观的优化结构与格局、利用与保护等。景观格局指数是景观生态学中常用的研究方法，是可以高度浓缩景观格局信息，反映其结构组成和空间配置的定量指标。

以耕地景观类型为研究尺度，为了反映流域耕地景观的格局特征及内部演变规律，进行基于斑块类型水平的景观格局演变特征分析。为避免景观格局指数之间的重复性，确保景观指数的可代表性，结合流域的实际用地等情况，从斑块类型尺度选取斑块数、斑块密度、最大斑块指数、平均斑块面积、平均斑块形状指数、平均斑块分维数、分离度指数和聚合度指数8个景观指数分析流域耕地景观格局特征。应用 Fragstats 软件，输入2000年、2010年和2020年耕地利用景观数据，计算流域耕地景观格局指数，进而分析流域在不同的时间段内耕地斑块类型之间的连通度和空间组合等变化情况。

① 斑块数是指景观中单一类型的斑块数。斑块数作为常用的景观格局指数，可以反映某一景观类型的破碎程度，间接反映其受人类活动的干扰程度。一般认为斑块数与景观破碎度的正相关程度较高，斑块数越大，景观的破碎度越高；斑块数越少，景观的破碎度越低。

② 斑块密度是指景观中某类景观要素的单位面积斑块数。斑块密度可以反映景观空间结构的复杂性，在一定程度上反映人类活动对景观的干扰程度。一般认为斑块密度越大，单位面积的斑块数越多，该景观受人类活动的干扰程度越大；斑块密度越小，单位面积的斑块数越小，该景观受人类活动的干扰程度越小。

③ 最大斑块指数可以反映出景观中优势景观类型的生态特征等，其值的大小体现了人类活动对景观的干扰程度和干扰方向，并且对于明确优势景观类型和景观模式等具有重要的意义。

④ 平均斑块面积是景观类型数量与面积的综合反映，是某一景观类型斑块面积的平均值。其值的大小可以反映景观类型的破碎度，一般认为一个具有较小斑块面积的斑块类型比一个具有较大斑块面积的斑块类型更破碎，其受人类活动的干扰程度越大。

⑤ 平均斑块形状指数是斑块周长与等面积的圆周长之比，通过计算某斑块的形状与圆形或者正方形的偏离程度，表示其形状的复杂程度。其值的大小取决

于景观中斑块的形状是否趋于正方形。当景观中只有 1 个正方形的斑块时，SHAPE_MN 值为 1；当斑块的形状越不趋于正方形时，则其值越大。

⑥ 平均斑块分维数是不规则几何形状的非整数维数，不规则的非欧几里得几何形状称为分型。平均斑块分维数的大小反映景观中斑块形状复杂的程度，其值越大代表斑块形状越无规律，自相似性越弱；其值越接近 1，代表斑块的自相似性越强，斑块的形状越有规律，斑块的几何形状越简单，受干扰的程度较大。人类的干扰程度越大，则斑块形状越规则；相反，人类的干扰程度越小，斑块越偏向于规则的几何形状，例如正方形或矩形等。

⑦ 分离度指数是指斑块在空间分布上分散程度，其值越小，则该类型分布越集中；其值越大，则该类型分布越分散。当整个景观只由一个斑块组成时，SPLIT 为 1。当焦点斑块类型减少，同时细分为更小的斑块，SPLIT 随之增加。SPLIT 的最大值受景观面积与元胞大小的比率所限制，当相关的斑块类型由单个像元斑块所组成时，SPLIT 达到上限。

⑧ 聚合度指数是指景观里不同斑块类型的延展趋势或团聚程度。景观聚合度的水平主要取决于景观要素的数量特征与空间分布关系。聚合度越低，代表景观的破碎化程度较高，景观格局呈多种要素密集的状态；相反，聚合度越高，代表景观中某种斑块类型具有良好的连续性。

4.2.2 耕地景观格局演变特征

将流域耕地利用现状数据进行栅格转换，导入景观格局软件中，计算得到 2000~2020 年间流域耕地景观格局指数（表 4-15）。

表 4-15　2000~2020 年间流域耕地景观格局指数

时间	NP/个	PD /(个/100hm²)	LPI/%	AREA_MN /hm²	SHAPE_MN	FRAC_MN	SPLIT	AI/%
2000 年	674	0.0521	97.75	1920.33	1.5268	1.0603	1.0466	97.29
2010 年	713	0.0553	97.51	1808.07	1.4991	1.0568	1.0516	97.28
2020 年	1071	0.0856	96.60	1167.99	1.4801	1.0560	1.0714	96.98

根据结果可知，流域耕地的斑块数与斑块密度增高。斑块数由 2000 年的 674 个增长到 2010 年的 713 个，再增长到 2020 年的 1071 个。斑块密度由 2000 年的 0.0521 个/100hm² 增长到 2010 年的 0.0553 个/100hm²，再增长到 2020 年的 0.0856 个/100hm²。斑块数越多，斑块密度越大，说明大的耕地斑块在外界干扰下被分割成若干小斑块的趋势明显，受耕地整理的影响较大，进而导致景观的分割，破碎化程度不断加剧。耕地景观受到严重的分割，孤立的块体数量增加，对

于农田物种交换造成不利的影响。

从耕地景观的最大斑块指数和平均斑块面积来看，最大斑块指数呈减少趋势，整体变化不大，由 2000 年的 97.75％ 下降到 2020 年的 96.60％。平均斑块面积呈减少趋势，其中，2010～2020 年间耕地的平均斑块面积下降较为显著，由 1808.07hm² 减小到 1167.99hm²，平均斑块面积的减少，代表耕地斑块的细碎化程度增加。

从耕地景观的形状来看，2000 年、2010 年和 2020 年的耕地平均斑块形状指数为 1.5268、1.4991 和 1.4801，呈逐渐降低的趋势。平均斑块形状指数的减少，代表耕地景观的形状趋于整齐、规则。耕地斑块平均分维数分别为 1.0603、1.0568 和 1.0560，逐渐降低，但变化幅度不大，说明耕地斑块的自相似性增加，斑块形状更加规则，斑块的几何形态趋于简单。当某一斑块未受人类活动干扰时，其形状的复杂程度普遍较高，规则程度较低，当受人类活动的干扰增大时，斑块的形状越趋于规则，从流域耕地斑块的形状变化趋势也可以看出，21 世纪之后，耕地景观一直受到较大程度的人为干扰，跟农用地整理、高标准农田建设、各种整治工程等关系较大，斑块越规则，越便于利用与管理。

从耕地景观的分离度和聚合度指数来看，2000～2020 年间流域耕地景观分离度指数逐渐增加，聚合度指数逐渐减少。2000 年、2010 年和 2020 年的耕地分离度指数分别为 1.0466、1.0516 和 1.0714；聚合度指数分别为 97.29％、97.28％ 和 96.98％。耕地景观的分离度增加，代表耕地斑块之间的连接程度降低，耕地被其他用地类分割的程度有所增加，如交通用地需求的增加，在占用耕地的同时，会切断耕地之间的连接性。聚合度的降低不利于耕地斑块与斑块之间的物质能量交换，对耕地生态也将产生一定的影响，耕地斑块的孤立会产生生态孤岛现象，耕地景观在空间分布上的离散程度增加。

整体来看，2000～2020 年间，流域耕地景观斑块数增加，斑块密度增大，斑块的形状趋于规整与简单，斑块的分离度增加，耕地景观的破碎度增加，在空间分布的集中程度减弱，受人类活动的干扰程度较大。

4.2.3　耕地景观格局空间差异

应用景观格局指数软件，得到 2000～2020 年间各区域耕地景观斑块数和斑块密度（表 4-16），以及各区域耕地景观斑块数和斑块密度空间差异（图 4-1）。

表 4-16　2000～2020 年间各区域耕地景观斑块数和斑块密度

地区	2000 年		2010 年		2020 年	
	NP/个	PD/(个/100hm²)	NP/个	PD/(个/100hm²)	NP/个	PD/(个/100hm²)
铁西区	20	0.1455	19	0.1388	45	0.3907

地区	2000 年		2010 年		2020 年	
	NP/个	PD/(个/100hm²)	NP/个	PD/(个/100hm²)	NP/个	PD/(个/100hm²)
铁东区	66	0.1350	80	0.1658	149	0.3362
梨树县	169	0.0557	147	0.0485	203	0.0693
伊通县	117	0.0672	140	0.0808	211	0.1285
公主岭市	69	0.0191	77	0.0213	156	0.0442
双辽市	205	0.0890	215	0.0938	221	0.0957
龙山区	43	0.2761	55	0.3559	85	0.6506
西安区	58	0.5342	65	0.6035	46	0.4419
东辽县	214	0.1580	186	0.1388	205	0.1571

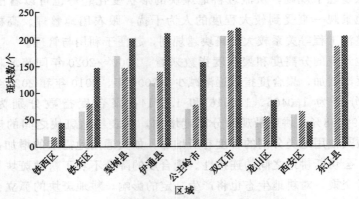

(a) 斑块数时空变化

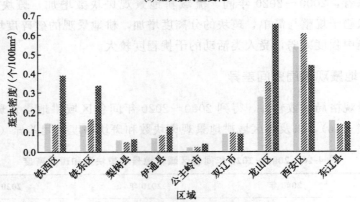

(b) 斑块密度时空变化

图 4-1　各区域耕地景观斑块数和斑块密度空间差异

从各区域结果来看，2000年流域耕地景观斑块数最大的区域是东辽县，其次是双辽市，数量分别为214个和215个；斑块数最小的区域是铁西区，其次是龙山区，数量分别为20个和43个。耕地景观斑块密度最大的区域是西安区，其次是龙山区，密度分别为0.5342个/100hm² 和0.2761个/100hm²，斑块密度最小的是公主岭市，其次是梨树县，密度分别为0.0191个/100hm² 和0.0557个/100hm²。

2010年流域耕地景观斑块数最大的区域是双辽市，其次是东辽县，数量分别为215个和186个；斑块数最小的是铁西区，其次是龙山区，数量分别为19个和55个。耕地斑块密度最大的区域是西安区，其次是龙山区，密度分别为0.6035个/100hm² 和0.3559个/100hm²；密度最小的区域是公主岭市，其次是梨树县，密度分别为0.0213个/100hm² 和0.0485个/100hm²。

2020年流域耕地斑块数最大的区域是双辽市，其次是东辽县，斑块数分别为221个和205个；斑块数最小的是铁西区，其次是西安区，数量分别为45个和46个。斑块密度最大的区域是龙山区，其次是西安区，密度分别为0.6506个/100hm² 和0.4419个/100hm²；斑块密度最小的是公主岭市，其次是梨树县，密度分别为0.0442个/100hm² 和0.0693个/100hm²。

综合来看，斑块数较大的区域集中在双辽市和东辽县，斑块数较小的区域集中在铁西区和龙山区。斑块密度较大的区域集中在西安区和龙山区，斑块密度较小的区域集中在公主岭市和梨树县。公主岭市和梨树县的耕地面积较大，但其斑块密度较小，证明其耕地的破碎化程度较低，耕地呈集中连片的发展。西安区与龙山区的耕地破碎化程度较大，受人类活动的干扰程度较高。2000～2020年间，铁西区、铁东区、梨树县、伊通县、公主岭市、双辽市和龙山区的耕地斑块数和斑块密度增加，而西安区和东辽县耕地斑块数和斑块密度减少。

应用景观格局指数软件，得到2000～2020年间各区域耕地景观最大斑块指数和平均斑块面积（表4-17），及各区域耕地景观最大斑块指数和平均斑块面积空间差异（图4-2）。

表4-17　2000～2020年间各区域耕地景观最大斑块指数和平均斑块面积

地区	2000 年		2010 年		2020 年	
	LPI/%	AREA_MN/hm²	LPI/%	AREA_MN/hm²	LPI/%	AREA_MN/hm²
铁西区	91.65	687.46	91.15	720.36	93.46	255.96
铁东区	93.37	740.54	93.22	603.20	78.15	297.44
梨树县	99.78	1795.60	99.79	2060.74	99.66	1442.41
伊通县	91.38	1488.15	91.44	1236.91	85.97	778.11

地区	2000 年		2010 年		2020 年	
	LPI/%	AREA_MN/hm²	LPI/%	AREA_MN/hm²	LPI/%	AREA_MN/hm²
公主岭市	99.95	5246.91	99.37	4696.04	99.80	2262.54
双辽市	94.43	1123.02	94.33	1066.12	93.83	1045.21
龙山区	76.09	362.24	75.76	280.98	66.06	153.71
西安区	97.39	187.21	97.37	165.70	94.94	226.32
东辽县	98.08	632.89	67.99	720.57	97.44	636.40

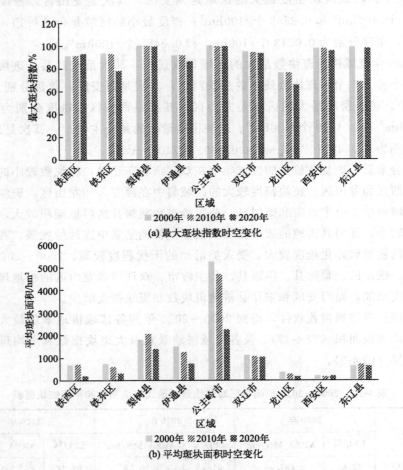

(a) 最大斑块指数时空变化

(b) 平均斑块面积时空变化

图 4-2　各区域耕地景观最大斑块指数和平均斑块面积空间差异

2000 年，流域耕地景观最大斑块指数最大的区域是公主岭市，其次是梨树县，分别为 99.95% 和 99.78%；最大斑块指数最小的区域是龙山区，其次是伊通县，分别为 76.09% 和 91.38%。平均斑块面积最大的区域是公主岭市，其次是梨树县，分别为 5246.91hm² 和 1795.60hm²；最小的区域是西安区，其次是龙山区，分别为 187.21hm² 和 362.24hm²。

2010 年，流域耕地景观最大斑块指数最大的区域是梨树县，其次是公主岭市，分别为 99.79% 和 99.37%；最大斑块指数最小的区域是东辽县，其次是龙山区，分别为 67.99% 和 75.76%。平均斑块面积最大的区域是公主岭市，其次是梨树县，分别为 4696.04hm² 和 2060.74hm²；最小的区域是西安区，其次是龙山区，分别为 165.70hm² 和 280.98hm²。

2020 年，流域耕地景观最大斑块指数最大的区域是公主岭市，其次是梨树县，分别为 99.80% 和 99.66%；最大斑块指数最小的区域是龙山区，其次是铁东区，分别为 66.06% 和 78.15%。平均斑块面积最大的区域是公主岭市，其次是梨树县，分别为 2262.54hm² 和 1442.41hm²；最小的区域是龙山区，其次是西安区，分别为 153.71hm² 和 226.32hm²。

综合来看，耕地景观最大斑块指数和平均斑块面积最大的集中在公主岭市和梨树县，而平均斑块面积最小的集中在龙山区和西安区。2000～2020 年间，区域最大斑块指数变化不显著，而平均斑块面积有减少的趋势，2010～2020 年间下降得较为明显。除西安区和东辽县的平均斑块面积略有增加外，其余各区县的平均斑块面积均呈下降趋势，公主岭市下降最为显著。

应用景观格局指数软件，得到 2000～2020 年间各区域耕地景观平均斑块形状指数和平均斑块分维数（表 4-18），及各区域耕地景观平均斑块形状指数和平均分维数空间差异（图 4-3）。

表 4-18　2000～2020 年间各区域耕地景观平均斑块形状指数和平均斑块分维数

地区	2000 年		2010 年		2020 年	
	SHAPE_MN	FRAC_MN	SHAPE_MN	FRAC_MN	SHAPE_MN	FRAC_MN
铁西区	1.7832	1.0590	1.8807	1.0722	1.6440	1.0665
铁东区	1.8833	1.0619	1.8038	1.0635	1.7709	1.0692
梨树县	1.3597	1.0399	1.4054	1.0438	1.4844	1.0543
伊通县	1.9144	1.0746	1.7492	1.0636	1.7918	1.0658
公主岭市	1.6213	1.0437	1.6439	1.0497	1.4394	1.0480
双辽市	1.4824	1.0522	1.4825	1.0524	1.4397	1.0498
龙山区	1.7504	1.0699	1.5570	1.0480	1.7882	1.0723
西安区	1.4238	1.0510	1.3658	1.0441	1.5682	1.0600
东辽县	1.5144	1.0558	1.6488	1.0616	1.5470	1.0534

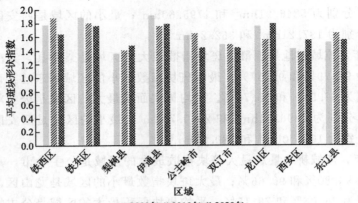

(a) 平均斑块形状指数时空变化

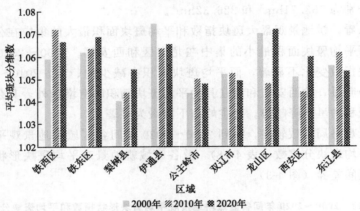

(b) 平均斑块分维数时空变化

图 4-3　各区域耕地景观平均斑块形状指数和平均分维数空间差异

　　2000 年，流域耕地景观斑块平均斑块形状指数最大的是伊通县，其次是铁东区，分别为 1.9144 和 1.8833；斑块形状指数最小的是梨树县，其次是西安区，分别为 1.3597 和 1.4238。耕地景观斑块平均斑块分维数最大的是伊通县，其次是龙山区，分别为 1.0746 和 1.0699；分维数最小的是梨树县，其次是公主岭市，分别为 1.0399 和 1.0437。

　　2010 年，流域耕地景观斑块平均斑块形状指数最大的是铁西区，其次是铁东区，分别为 1.8807 和 1.8038；形状指数最小的是西安区，其次是梨树县，分别为 1.3658 和 1.4054。耕地景观斑块平均分维数最大的是铁西区，其次是伊通县，分别为 1.0722 和 1.0636；分维数最小的是梨树县，其次是西安区，分别为 1.0438 和 1.0441。

2020 年，流域耕地景观斑块平均斑块形状指数最大的是伊通县，其次是龙山区，分别为 1.7918 和 1.7882；形状指数最小的是公主岭市，其次是双辽市，分别为 1.4394 和 1.4397。耕地景观斑块平均分维数最大的是龙山区，其次是铁东区，分别为 1.0723 和 1.0692；分维数最小的是公主岭市，其次是双辽市，分别为 1.0480 和 1.0498。分维数趋于 1，斑块的自相似性较强，形状区域简单和规律性。从空间分布来看，铁西区、铁东区、伊通县和龙山区的耕地景观斑块形状在不同年份上较为复杂，而梨树、西安、公主岭和双辽市的耕地景观斑块形状在不同年份上趋于简单，受人为干扰的影响因素较大。

总体来看，2000～2020 年间，各区域耕地景观平均分维数变化不显著，景观形状指数减少的区域是铁西区、铁东区、伊通县、公主岭市和双辽市，证明以上区域耕地景观斑块的形状趋于简单和规则，受人为活动的干扰增加，而梨树县、龙山区、西安区和东辽县的景观形状指数呈增长趋势。

应用景观格局指数软件，得到 2000～2020 年间各区域耕地景观的分离度指数与聚合度指数（表 4-19），以及各区域耕地景观分离度指数与聚合度指数空间差异（图 4-4）。

表 4-19　2000～2020 年间各区域耕地景观分离度指数与聚合度指数

地区	2000 年		2010 年		2020 年	
	SPLIT	AI/%	SPLIT	AI/%	SPLIT	AI/%
铁西区	1.1816	97.01	1.1938	96.95	1.1437	96.24
铁东区	1.1424	94.89	1.1462	94.84	1.6092	93.94
梨树县	1.0045	97.98	1.0042	97.98	1.0069	97.46
伊通县	1.1954	96.86	1.1939	96.84	1.3482	96.02
公主岭市	1.0009	98.09	1.0127	98.08	1.0041	97.89
双辽市	1.1196	97.14	1.1220	97.12	1.1337	97.43
龙山区	1.5844	95.33	1.5961	95.32	2.1087	93.36
西安区	1.0540	95.46	1.0546	95.42	1.1087	94.98
东辽县	1.0395	95.58	1.8005	95.54	1.0531	95.26

2000 年，流域耕地景观分离度最大的区域是龙山区，为 1.5844，其次是伊通县，为 1.1954；分离度最小的是公主岭市，为 1.0009，其次是梨树县，为 1.0045。聚合度最大的是公主岭市，为 98.09%，其次是梨树县，为 97.98%；聚合度最小的是铁东区，为 94.89%，其次是龙山区，为 95.33%。

2010 年，耕地景观分离度最大的区域是东辽县，其次是龙山区，分别为 1.8005 和 1.5961；分离度最小的是梨树县，其次是公主岭市，分别为 1.0042 和

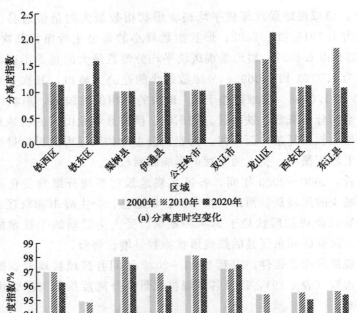

(a) 分离度时空变化

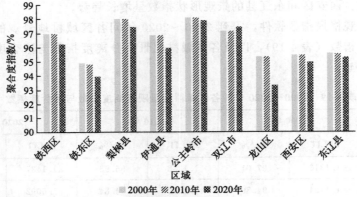

(b) 聚合度时空变化

图 4-4　各区域耕地景观分离度指数与聚合度指数空间差异

1.0127。耕地景观聚合度最大的是公主岭市，其次是梨树县，分别为 98.08% 和 97.98%；聚合度最小的是铁东区，其次是龙山区，分别为 94.84% 和 95.32%。

2020 年耕地景观分离度最大的区域是龙山区，其次是铁东区，分别为 2.1087 和 1.6092；分离度最小的是公主岭市，其次是梨树县，分别为 1.0041 和 1.0069。聚合度最大的是公主岭市，其次是梨树县，分别为 97.89% 和 97.46%；聚合度最小的是龙山区和铁东区，分别为 93.36% 和 93.94%。

2000～2020 年间，除铁西区，其他区域的耕地景观分离度均增大。除双辽市，其他区域的耕地景观聚合度均减少。梨树县和公主岭市是耕地景观分离度较小、聚合度较高的区域，耕地的集中连片程度较高，而龙山区和铁东区属于耕地景观分离度较大、聚合度较小的区域。

综合以上分析，2000～2020 年间，流域不同耕地景观格局指数增减不一，空间差异显著。从各区域景观指数的极大值和极小值来看，梨树县和公主岭市的耕地面积较大，且斑块密度低，平均斑块面积较大，斑块的形状趋于简单和规则，聚合度较高，耕地集中连片发展。而龙山区的耕地面积较小，斑块密度高，平均斑块面积较小，斑块形状较为复杂，聚合程度低，耕地的破碎化较为严重。西安区耕地斑块数少，斑块密度大且平均斑块面积小，其破碎度较大。铁东区的耕地斑块形状较为复杂，分离度较大，聚合度较小，集中连片程度低。

4.3 耕地质量等别及限制因素分析

4.3.1 耕地质量等别差异

根据农用地分等成果，整理得到流域耕地质量等别情况（表4-20）。

表 4-20　流域耕地质量等别情况　　　　　　　单位：%

区域	8 等地占比	9 等地占比	10 等地占比	11 等地占比	12 等地占比	13 等地占比
铁西区	0	13.80	75.41	10.80	0	0
铁东区	0	0.68	69.46	29.84	0.02	0
梨树县	1.46	60.09	32.18	6.05	0.22	0
伊通县	0	0	15.14	42.24	40.87	1.75
公主岭市	0	49.33	16.41	5.65	28.61	0
双辽市	0	0	14.97	83.12	1.91	0
龙山区	0	0	0	100	0	0
西安区	0	0	0	4.22	95.78	0
东辽县	0.94	40.68	43.49	4.75	10.15	0
辽河流域	0.44	32.54	24.22	25.63	16.94	0.24

流域耕地等别介于8～13之间，平均等别10.33等，总体耕地等别偏低。耕地质量最好的为8等地，其占流域耕地总面积的比例仅为0.44%；9等地耕地占比最大，为32.54%；10等地和11等地的占比分别为24.22%和25.63%；12等地的占比为16.94%；13等地的占比为0.24%。

从各区域耕地等别来看，铁西区和铁东区耕地以10等地为主，10等地占比分别为75.41%和69.46%。梨树县耕地以9等地为主，占比为60.09%；其次是10等地，占比为32.18%。伊通县耕地质量等别偏低，主要以11等地和12等地为主，两者之和占比为83.11%。公主岭市耕地以9等为主，占比为49.33%；其次是12等地，占比为28.61%，耕地质量差异性较大。双辽市耕地以11等地为主，占比为83.12%。龙山区耕地全部为11等地，占比为100%。西安区耕地以 12 等地为主，占比为 95.78%。东辽县耕地以 9 等地和 10 等地为主，两者之和占比为 84.17%。总体来看，区域耕地质量分布不均，其中，梨树县、公主岭市和东辽县的耕地质量较好。

4.3.2 耕地质量提升限制程度计算

(1) 测算单元确定

以流域农用地分等定级成果为基础，为使耕地质量限制因素的成果与农用地分等定级成果相统一，便于成果之间的比较，对相应地块进行分析，以农用地分等单元作为耕地质量提升限制因素分析单元。耕地质量限制因素分析单元共 185839 个，其中，8 等地 782 个单元，9 等地 54019 个单元，10 等地 49051 个单元，11 等地 47540 个单元，12 等地 33786 个单元，13 等地 661 个单元。

(2) 限制因素

根据《农用地质量分等规程》（GB/T 28407—2012）可知，铁西区、铁东区、梨树县、伊通县、公主岭市、双辽市、龙山区、西安区、东辽县均属于全国标准耕作制度分区中东北区 1 级区，松嫩平原区。标准耕作制度为玉米-水稻-大豆，一年一熟，以玉米为基准作物，其指定作物产量比系数 1，水稻作物产量比系数为 1.12。

结合吉林省农用地分等数据库成果，选取障碍层距地表深度、剖面构型、表层土壤质地、土壤有机质含量、土壤 pH 值、盐渍化程度、排水条件 7 个指标进行限制因素分析。结合流域实际及规程中对各分级指标的赋值情况，设定流域不同限制因素的分级及分值。其中，障碍层距地表深度共分为 3 级，剖面构型分为 5 级，表层土壤质地分为 4 级，土壤有机质含量分为 5 级，土壤 pH 值分为 4 级，土壤盐渍化程度分为 4 级，排水条件分为 4 级。流域耕地自然质量限制因素及分级情况见表 4-21。

表 4-21　流域耕地自然质量限制因素及分级情况

分等因素	分级指标/属性	级别	分值/分
障碍层距地表深度/cm	60～90	1	100
	30～60	2	80
	<30	3	60
剖面构型	A1、B4	1	100
	B3	2	90
	B1/C3/C4	3	70
	C1、C2/B2/A3	4	60
	A2/A4	5	50

分等因素	分级指标/属性	级别	分值/分
表层土壤质地	壤土	1	100
	黏土	2	80
	沙土	3	60
	砾质土	4	40
土壤有机质含量/(g/kg)	>40	1	100
	30～40	2	90
	20～30	3	80
	10～20	4	70
	<10	5	60
土壤pH值	6～7.9	1	100
	5.5～6，7.9～8.5	2	90
	5～5.5，8.5～9	3	80
	4.5～5	4	60
	<4.5，>9	5	30
盐渍化程度	无盐渍化	1	100
	轻度	2	90
	中度	3	70
	重度	4	40
排水条件	排水健全	1	100
	基本健全	2	90
	一般	3	70
	无排水	4	30

(3) 测算方法

利用限制性指数模型对流域耕地自然质量限制性因素的限制程度进行计算，其计算公式由农用地分等中计算耕地自然质量指数变换而来，通过将评价区域内的耕地质量等别指标因素的满分值或可实现最高分值与其实际分值进行比较，两者差值占满分值的占比设定为该限制因素的限制程度。设定各限制因素最高值为100，以此计算各限制因素的限制程度。

$$Q_{ik} = \frac{R_{ik} - r_{ik}}{R_{ik}} \tag{4-5}$$

$$R_{ik} = \frac{\sum_{j=1}^{m} w_{jk} \times 100 \times \alpha_j \beta_j}{100} \qquad (4\text{-}6)$$

$$r_{ik} = \frac{\sum_{j=1}^{m} w_{jk} \times f_{ijk} \alpha_j \beta_j}{100} \qquad (4\text{-}7)$$

式中　Q_{ik} ——i 分等单元中 k 种限制因素等指数的限制程度；

　　　R_{ik} ——i 分等单元中 k 种因素等指数的理想值；

　　　r_{ik} ——i 分等单元中 k 种因素的实际值；

　　　w_{jk} ——指标因素的权重；

　　　f_{ijk} ——k 种因素的实际值；

　　　α ——作物的光温（气候）生产潜力；

　　　β ——作物的产量系数；

　　　k ——限制因素；

　　　j ——作物种植类型；

　　　i ——分等单元。

　　流域范围内不同作物的流域光温生产潜力指数如表 4-22 所列。流域气候生产潜力指数如表 4-23 所列。

表 4-22　流域光温生产潜力指数

区域	春玉米	一季稻	大豆
东辽县	2201	1384	911
辽源市辖区	2273	1458	941
公主岭市	2412	1545	989
梨树县	2458	1580	1012
四平市辖区	2468	1619	1025
双辽市	2646	1710	1084
伊通县	2140	1342	881

表 4-23　流域气候生产潜力指数

区域	春玉米	大豆
东辽县	1959	830
辽源市辖区	2205	846
公主岭市	1916	808

区域	春玉米	大豆
梨树县	1904	804
四平市辖区	2034	874
双辽市	1834	785
伊通县	1852	781

4.3.3 耕地质量提升限制因素分析

在 GIS 平台下，根据流域农用分等数据库，将耕地限制性因素按照其限制等级重新赋值，根据耕地自然质量限制因素的限制程度计算公式，得到流域各地块限制因素的限制程度。Q 值越大，证明其限制程度越高。应用等距法并结合 Q 值将限制程度划分为：无限制（$Q \leqslant 0$）、轻度限制（$0 < Q \leqslant 25\%$）、中度限制（$25\% < Q \leqslant 50\%$）和重度限制（$Q > 50\%$）四个级别。

（1）障碍层距地表深度

根据流域障碍层距地表深度限制程度（表 4-24），土壤障碍层是在耕层以下出现白浆层、石灰浆石层、砾石层、黏土磐和铁磐等阻碍耕系伸展或影响水分渗透的层次。

表 4-24　流域障碍层距地表深度限制程度

地区	无限制		轻度限制		中度限制	
	斑块数/个	面积占比/%	斑块数/个	面积占比/%	斑块数/个	面积占比/%
铁西区	100	0.00	0	0.00	2170	100.00
铁东区	9190	93.65	404	6.16	14	0.19
梨树县	33032	94.91	1201	3.94	410	1.15
伊通县	22448	66.35	10587	31.85	508	1.80
公主岭市	114	0.00	44134	100.00	2	0.00
双辽市	22284	99.85	99	0.00	30	0.15
龙山区	292	8.52	2974	91.48	0	0.00
西安区	194	7.20	2650	92.80	0	0.00
东辽县	22929	68.18	10011	31.54	62	0.28
辽河流域	110583	58.98	72060	39.43	3196	1.59

流域障碍层距地表深度的限制程度有无限制、轻度限制和中度限制 3 种类

型。限制程度为无限制的斑块数为 110583 个，耕地面积占流域耕地总面积的比例为 58.98%；限制程度为轻度的斑块数为 72060 个，耕地面积占比为 39.43%；限制程度为中度的斑块数为 3196 个，耕地面积占比为 1.59%。流域耕地受障碍层距地表深度的限制程度较小，大部分是无限制和轻度限制。

从各区域的结果来看，铁西区耕地质量受障碍层距地表深度的影响相对较大，几乎全部是中度限制，而铁东区、梨树县、双辽市受障碍层距地表深度的无限制面积占比均在 90% 以上，伊通县和东辽县耕地受障碍层距地表深度的无限制面积占比在 60% 以上，其余部分几乎是轻度限制。

(2) 剖面构型

根据流域剖面构型限制程度（表 4-25），剖面构型是土壤剖面中不同质地的土层排列顺序，一般分为均质质地剖面构型、夹层质地剖面构型和体（垫）层质地剖面构型。其中均质质地剖面构型分为通体壤、砂、黏和砾，而夹层质地剖面构型分为砂、黏、砂，黏、砂、黏，壤、黏、壤，壤、砂、壤，体（垫）层质地剖面构型分为砂、黏、黏，黏、砂、砂，壤、黏、黏，壤、砂、砂。

表 4-25　流域剖面构型限制程度

地区	无限制		轻度限制		中度限制	
	斑块数/个	面积占比/%	斑块数/个	面积占比/%	斑块数/个	面积占比/%
铁西区	388	15.18	1796	80.24	86	4.58
铁东区	5323	49.96	2618	31.93	1667	18.12
梨树县	11686	33.71	19088	55.45	3869	10.84
伊通县	17556	47.40	11363	41.18	4624	11.42
公主岭市	62	0.00	46	0.00	44142	100.00
双辽市	12729	55.58	8829	41.42	855	3.00
龙山区	1936	58.91	0	0.00	1330	41.09
西安区	1805	56.57	0	0.00	1039	43.43
东辽县	1746	5.42	66	0.00	31190	94.58
辽河流域	53231	27.54	43806	27.91	88802	44.55

流域剖面构型的限制程度为无限制、轻度限制和中度限制 3 种类型。限制程度为无限制的斑块数 53231 个，耕地面积占流域耕地总面积的比例为 27.54%；限制程度为轻度的斑块数 43806 个，耕地面积占比为 27.91%；限制程度为中度的斑块数 88802 个，耕地面积占比为 44.55%，整体偏多。无重度限制的图斑。

从各区域结果来看，公主岭市和东辽县耕地受剖面构型的限制程度较大，中度限制的斑块数分别为44142个和31190个，面积占比均在90%以上，是流域耕地受剖面构型中度限制的主要区域。西安区和龙山区耕地受剖面构型的限制程度主要分布在无限制和中度限制，轻度限制的斑块数为0。其他区域耕地受剖面构型的限制程度主要是无限制和轻度限制，中度限制的比例较低。

（3）表层土壤质地

根据流域表层土壤质地限制程度（表4-26），表层土壤质地一般指耕层土壤的质地。质地分为砂土、壤土、黏土和砾质土。

表4-26　流域表层土壤质地限制程度

地区	无限制		轻度限制		中度限制		重度限制	
	斑块数/个	面积占比/%	斑块数/个	面积占比/%	斑块数/个	面积占比/%	斑块数/个	面积占比/%
铁西区	458	18.95	1809	80.93	3	0.12	0	0.00
铁东区	6347	61.23	3226	38.55	35	0.21	0	0.00
梨树县	13745	40.13	19095	55.47	1803	4.40	0	0.00
伊通县	21509	57.07	11389	41.18	0	0.00	645	1.75
公主岭市	27491	65.73	2292	3.99	14455	30.28	12	0.00
双辽市	13244	57.59	8442	39.92	727	2.49	0	0.00
龙山区	0	0.00	3258	99.50	8	0.50	0	0.00
西安区	0	0.00	2844	100.00	0	0.00	0	0.00
东辽县	973	2.99	22088	65.50	6729	19.19	3212	12.32
辽河流域	83767	49.02	74443	37.32	23760	12.20	3869	1.46

流域表层土壤质地的限制程度为无限制、轻度限制、中度限制和重度限制4种类型。限制程度为无限制的斑块数83767个，耕地面积占流域耕地总面积的比例为49.02%；限制程度为轻度的斑块数74443个，耕地面积占比为37.32%，无限制和轻度限制占绝大部分；限制程度为中度的斑块数23760个，耕地面积占比为12.20%；限制程度为重度的斑块数3869个，耕地面积占比为1.46%。

从各区域来看，存在耕地受表层土壤质地重度限制的区域是伊通县、公主岭市和东辽县，公主岭市的重度限制斑块数较少，仅为12个；东辽县占比相对较大，斑块数为3212个，面积占比为12.32%，是流域耕地受表层土壤质地重度限制的主要集中区域。限制程度为中度的区域占比较大的是公主岭市和东辽县，公主岭市中度限制的斑块数为14455个，面积占比为30.28%；东辽县中度限制的斑块数为6729个，面积占比为19.19%，是流域耕地受表层土壤质地中度限制的主要区域。其他区域的耕地受表层土壤质地的限制程度基本为无限制和轻度限制。

（4）土壤有机质含量

根据流域土壤有机质含量限制程度（表 4-27），土壤有机质泛指土壤中以各种形式存在的含碳有机化合物。单位体积土壤中含有的各种动植物残体与微生物及其分解合成的有机物质的数量。

表 4-27　流域土壤有机质含量限制程度

地区	无限制		轻度限制		中度限制	
	斑块数/个	面积占比/%	斑块数/个	面积占比/%	斑块数/个	面积占比/%
铁西区	122	6.15	915	39.83	1233	54.02
铁东区	636	6.25	6487	66.92	2485	26.83
梨树县	2451	7.02	8019	24.43	24173	68.55
伊通县	0	0.00	109	0.00	33434	100.00
公主岭市	0	0.00	30344	71.37	13906	28.63
双辽市	802	2.91	743	3.29	20868	93.80
龙山区	0	0.00	2888	82.20	378	17.80
西安区	0	0.00	2753	95.78	91	4.22
东辽县	0	0.00	4010	13.31	28992	86.69
辽河流域	4011	2.45	56268	32.70	125560	64.85

流域土壤有机质的限制程度为无限制、轻度限制和中度限制 3 种类型。限制程度为无限制的斑块数 4011 个，耕地面积占流域耕地总面积的比例为 2.45%；限制程度为轻度的斑块数 56268 个，耕地面积占比为 32.70%；限制程度为中度的斑块数 125560 个，耕地面积占比为 64.85%。流域耕地受土壤有机质含量的限制程度主要是中度限制，没有重度限制的图斑。

从各区域结果来看，伊通县和双辽市耕地受土壤有机质含量中度限制的程度较大，斑块数分别为 33434 个和 20868 个，面积占比在 90% 以上；其次是东辽县和梨树县，面积占比分别为 86.69% 和 68.55%，是流域耕地受土壤有机质含量中度限制的主要区域。流域耕地受土壤有机质含量无限制的区域及面积较少，梨树县、铁西区、铁东区和双辽市有少量占比。总体来看，铁东区、公主岭市、龙山区和西安区以轻度限制为主，铁西区、梨树县、伊通县、双辽市和东辽县以中度限制为主。

过度耕作可能导致土壤结构的破坏，增加水土流失和土壤侵蚀。现代农业中，采用免耕或少耕作业（如条带耕作）有助于保持土壤结构，减少土壤流失，同时保护土壤中的有机质。免耕技术可以减少机械干扰，保持土壤的自然结构和功能。使用覆盖作物（如绿肥作物）或覆盖物（如秸秆、草地）可以保护土壤免受侵蚀和压实，同时增加土壤有机质。覆盖作物可以在非种植季节提供额外的有机质，减少土壤的裸露面积，促进土壤的水分保持和温度调节。

（5）土壤 pH 值

根据流域土壤 pH 值限制程度（表 4-28），土壤酸碱度是土壤酸度和碱度的总称，通常用以衡量土壤酸碱反应的强弱。主要由氢离子和氢氧根离子在土壤溶液中的浓度决定，以 pH 值表示。土壤太酸太碱都是限制作物生产及品质的重要因素，大多数的作物均不耐太酸或太碱的土壤。

表 4-28　流域土壤 pH 值限制程度

地区	无限制		轻度限制		中度限制		重度限制	
	斑块数/个	面积占比/%	斑块数/个	面积占比/%	斑块数/个	面积占比/%	斑块数/个	面积占比/%
铁西区	2169	95.38	60	3.68	19	0.53	22	0.41
铁东区	6092	63.39	3070	31.93	285	2.58	161	2.09
梨树县	21951	64.21	12571	35.53	0	0.00	121	0.27
伊通县	21252	63.76	11959	35.53	332	0.71	0	0.00
公主岭市	82	0.02	44165	99.98	3	0.00	0	0.00
双辽市	9309	40.09	13104	59.91	0	0.00	0	0.00
龙山区	2086	58.99	1101	40.44	79	0.57	0	0.00
西安区	1932	62.07	899	37.76	13	0.17	0	0.00
东辽县	8715	26.08	19420	58.48	4850	15.40	17	0.04
辽河流域	73588	37.78	106349	60.35	5581	1.72	321	0.14

流域土壤 pH 值的限制程度为无限制、轻度限制、中度限制和重度限制 4 种类型。限制程度为无限制的斑块数 73588 个，耕地面积占流域耕地总面积的比例为 37.78%；限制程度为轻度的斑块数 106349 个，耕地面积占比为 60.35%；限制程度为中度的斑块数 5581 个，耕地面积占比为 1.72%；限制程度为重度的斑块数 321 个，耕地面积占比为 0.14%。土壤 pH 值对流域耕地质量的限制程度以无限制和轻度限制为主。

从各区域结果来看，铁西区、铁东区、梨树县和东辽县耕地受土壤 pH 值限制存在重度限制地块，铁东区重度限制地块 161 个，占比为 2.09%；梨树县重度限制地块 121 个，占比为 0.27%。东辽县中度限制地块 4850 个，相比于其他区域较多，占比为 15.40%，其他区域占比较小。流域大部分区域耕地受土壤 pH 值限制大多以无限制和轻度限制为主。

土壤改良剂（如石灰、硫酸铝）可以用来调整土壤的 pH 值，提高土壤的酸碱平衡。改善土壤的 pH 值对于某些作物的生长至关重要，尤其是在酸性或碱性土壤中。使用改良剂时应根据土壤测试结果进行适量施用，以避免过度调整。

（6）盐渍化程度

根据流域盐渍化程度限制程度（表 4-29），土壤盐渍化是指土壤底层或地下水的盐分随毛管水上升到地表，水分蒸发后，使盐分积累在表层土壤中的过程。土壤盐渍化是指易溶性盐分在土壤表层积累的现象或过程，也称盐碱化。

表 4-29　流域盐渍化程度限制程度

地区	无限制		轻度限制		中度限制		重度限制	
	斑块数/个	面积占比/%	斑块数/个	面积占比/%	斑块数/个	面积占比/%	斑块数/个	面积占比/%
铁西区	2265	100.00	5	0.00	0	0.00	0	0.00
铁东区	9601	99.91	0	0.00	0	0.00	7	0.09
梨树县	32340	92.76	1922	5.91	243	0.93	138	0.39
伊通县	33514	100.00	4	0.00	23	0.00	2	0.00
公主岭市	19991	47.91	23	0.01	24233	52.08	3	0.00
双辽市	19261	85.90	3053	14.10	99	0.00	0	0.00
龙山区	1666	49.79	0	0.00	1600	50.21	0	0.00
西安区	1350	42.99	0	0.00	1494	57.01	0	0.00
东辽县	14398	43.59	12034	34.89	5225	17.83	1345	3.68
辽河流域	134386	74.16	17041	7.28	32917	18.09	1495	0.46

流域盐渍化程度的限制程度为无限制、轻度限制、中度限制和重度限制 4 种类型。限制程度为无限制的斑块数 134386 个，耕地面积占流域耕地总面积的比例为 74.16%；限制程度为轻度的斑块数 17041 个，耕地面积占比为 7.28%；限制程度为中度的斑块数 32917 个，耕地面积占比为 18.09%；限制程度为重度的斑块数 1495 个，耕地面积占比为 0.46%。

从各区域结果来看，东辽县耕地受盐渍化程度重度限制的斑块数为 1345 个，面积占比为 3.68%，是流域耕地受盐渍化重度限制的主要区域，梨树县重度限制斑块为 138 个，公主岭市、龙山区和西安区耕地受盐渍化程度中度限制的斑块数分别为 24233 个、1600 个和 1494 个，面积占比分别为 52.08%、50.21% 和 57.01%，公主岭市是流域耕地受盐渍化程度中度限制的主要区域。铁西区、铁东区、梨树县和伊通县耕地受盐渍化程度无限制的面积比例均在 90% 以上。

根据土壤水运动的特点，通过兴建水利设施，将水引入土壤中，使表层土壤中的盐碱离子溶于水后，随着水的运动及下渗能力，流入排水沟或下渗到深层土壤层，从而降低表层土壤的盐碱化程度。同时，可以使用土壤改良剂、增施有机肥，使分散的土壤颗粒进行聚结，改变土壤的孔隙度，提高土壤的通透性，有机肥可以减少土壤对磷的固定，促进磷的有效转换，为作物提供有效的磷源。此外，引进和种植恢复植被同样是生物改良利用盐渍土壤的重要措施。

（7）排水条件

根据流域排水条件限制程度（表 4-30），排水条件是指受地形和排水体系共同影响的雨后（灌溉后）地表积水的情况，排水条件健全是指其有健全的干、支、斗、农排水沟道，无洪涝灾害。无排水条件则说明其在一般年大雨过后会发生洪涝灾害。排水条件一般是指其在丰水年大雨后有洪涝发生，排水条件基本健全是指风水年暴雨后会有短期的洪涝发生。

表 4-30　流域排水条件限制程度

地区	无限制		轻度限制		中度限制		重度限制	
	斑块数 /个	面积 占比/%	斑块数 /个	面积 占比/%	斑块数 /个	面积 占比/%	斑块数 /个	面积 占比/%
铁西区	2270	100.00	0	0.00	0	0.00	0	0.00
铁东区	9608	100.00	0	0.00	0	0.00	0	0.00
梨树县	34643	100.00	0	0.00	0	0.00	0	0.00
伊通县	5073	13.05	10161	29.74	10680	36.65	7629	20.56
公主岭市	1332	3.13	40622	92.90	2257	3.97	39	0.00
双辽市	22336	100.00	77	0.00	0	0.00	0	0.00
龙山区	416	13.55	0	0.00	2850	86.45	0	0.00
西安区	2	0.00	185	6.63	2657	93.37	0	0.00
东辽县	19884	64.30	10996	30.27	495	0.67	1627	4.77
辽河流域	95564	54.58	62041	34.20	18939	7.90	9295	3.32

流域排水条件的限制程度为无限制、轻度限制、中度限制和重度限制 4 种类型。限制程度为无限制的斑块数 95564 个，耕地面积占流域耕地总面积的比例为54.58%；限制程度为轻度的斑块数 62041 个，耕地面积占比为 34.20%；限制程度为中度的斑块数 18939 个，耕地面积占比为 7.90%；限制程度为重度的斑块数9295 个，耕地面积占比为 3.32%。

从各区域结果来看，伊通县耕地受排水条件重度限制的斑块数为 7629 个，面积占比为 20.56%，东辽县耕地受排水条件重度限制的斑块数为 1627 个，面积占比为 4.77%，是流域耕地受排水条件重度限制的主要区域。龙山区和西安区耕地受排水条件中度限制的斑块数为 2850 个和 2657 个，面积占比为 86.45％和93.37％。龙山区和西安区耕地的排水条件较差，绝大部分耕地的排水条件不完善，在丰水年大雨后有洪涝发生。铁西区、铁东区、梨树县和双辽市耕地受排水条件无限制的比例均为 100％，证明其排水条件完善、健全。

4.3.4 耕地质量提升核心限制因素

根据耕地质量提升限制因素的限制程度计算，计算流域每个斑块的不同限制因素的限制程度，选取不同限制因素限制程度的最大值，作为该地块耕地质量提升的核心限制因素，得到流域耕地质量核心限制因素（表 4-31）。

表 4-31 流域耕地质量核心限制因素

限制程度	因素	斑块数/个	面积占比/%
无限制	—	118	0.02
轻度限制	轻度总计	18426	10.66
	表层土壤质地	10654	7.13
	土壤有机质	5738	2.49
	障碍层距地表深度	1062	0.66
	土壤 pH 值	971	0.38
	剖面构型	1	0.00
中度限制	中度总计	155543	84.97
	土壤有机质	85437	46.85
	剖面构型	39379	23.98
	表层土壤质地	21083	10.68
	障碍层距地表深度	2909	1.49
	土壤 pH 值	3071	0.96
	排水条件	3618	0.93
	盐渍化程度	46	0.07
重度限制	重度总计	11752	4.36
	排水条件	9295	3.32
	表层土壤质地	1950	0.82
	土壤 pH 值	306	0.14
	盐渍化程度	201	0.08

主导限制因素限制程度为轻度的耕地斑块数为18426个，其面积占耕地总面积的比例为10.66%，关键性限制因素有表层土壤质地、土壤有机质、障碍层距底地表深度、土壤pH值和剖面构型。轻度限制中的主要限制因素为表层土壤质地，其耕地斑块数为10654个，面积占比为7.13%，其次是土壤有机质，斑块数为5738个，面积占比为2.49%。

主导限制因素的限制程度为中度限制的耕地斑块数为155543个，面积占比为84.98%，关键性限制因素有土壤有机质、剖面构型、表层土壤质地、障碍层距地表深度、土壤pH值、排水条件和盐渍化程度。中度限制中的主要限制因素为土壤有机质，斑块数85437个，面积占比为46.86%，其次是剖面构型和表层土壤质地，斑块数分别为39379个和21083个，面积占比分别为23.98%和10.68%。

主导限制因素的限制程度为重度限制的耕地斑块数为11752个，面积占比为4.36%，关键性限制因素有排水条件、表层土壤质地、盐渍化程度和土壤pH值。重度限制中主要限制因素为排水条件，耕地斑块数9295个，面积占比为3.32%。耕地无限制的斑块数为118个，面积占比为0.02%。

总体来看，流域耕地质量限制因素及限制程度存在差异，限制程度以中度限制为主，主要的限制因素以土壤有机质、剖面构型和表层土壤质地为主。

按照耕地等别对流域耕地质量提升限制因素进行分类统计，得出流域8等地质量核心限制因素（表4-32），随着耕地等别的升高，出现重度限制程度因素的斑块数随之增加。流域8等地主要的限制因素为土壤有机质，其中表现为轻度限制的斑块数为526个，面积占比为0.34%；表现为中度限制的斑块数为147个，面积占比为0.05%。总体来看8等地存在限制因素较小，仅占0.44%。

表4-32　流域8等地质量核心限制因素

8等地	限制因素	斑块数/个	面积占比/%
轻度	总计	635	0.39
	土壤有机质	526	0.34
	土壤pH值	105	0.05
	障碍层距地表深度	4	0.00
中度	总计	147	0.05
	土壤有机质	147	0.05
合计		782	0.44

根据流域9等地质量核心限制因素（表4-33），流域9等地存在限制因素的斑块数为54016个，面积占比为32.89%，以中度限制为主，以剖面构型和土壤有机质限制为主。其中，轻度限制的斑块数为7571个，面积占比为5.30%；中

度限制的斑块数为 46399 个，面积占比为 27.58％；重度限制的斑块数为 46 个，面积占比为 0.01％。

表 4-33　流域 9 等地质量核心限制因素

9 等地	限制因素	斑块数/个	面积占比/%
轻度	总计	7571	5.30
	表层土壤质地	6620	4.70
	土壤有机质	595	0.38
	障碍层距地表深度	285	0.19
	土壤 pH 值	71	0.03
中度	总计	46399	27.58
	剖面构型	22816	15.16
	土壤有机质	18591	10.89
	表层土壤质地	3908	1.18
	盐渍化程度	9	0.01
	土壤 pH 值	772	0.17
	障碍层距地表深度	303	0.17
重度	总计	46	0.01
	盐渍化程度	39	0.01
	表层土壤质地	1	0.00
	土壤 pH 值	6	0.00
合计		54016	32.89

根据流域 10 等地质量核心限制因素（表 4-34），流域 10 等地存在限制因素的斑块数为 48937 个，面积占比为 24.50％。以中度限制为主，以土壤有机质和剖面构型为主要限制因素。其中，轻度限制的斑块数为 8426 个，面积占比为 4.03％；中度限制的斑块数为 40085 个，面积占比为 20.27％；重度限制的斑块数为 426 个；面积占比为 0.20％。

表 4-34　流域 10 等地质量核心限制因素

10 等地	限制因素	斑块数/个	面积占比/%
轻度	总计	8426	4.03
	表层土壤质地	2822	1.83
	土壤有机质	4296	1.52

10 等地	限制因素	斑块数/个	面积占比/%
轻度	障碍层距地表深度	514	0.37
	土壤 pH 值	793	0.31
	剖面构型	1	0.00
中度	总计	40085	20.27
	土壤有机质	23680	12.19
	剖面构型	10179	5.77
	障碍层距地表深度	1909	0.92
	土壤 pH 值	2211	0.78
	表层土壤质地	2069	0.55
	盐渍化程度	37	0.06
重度	总计	426	0.20
	排水条件	293	0.16
	盐渍化程度	108	0.03
	土壤 pH 值	25	0.01
合计		48937	24.50

根据流域 11 等地质量核心限制因素（表 4-35），流域 11 等地存在限制因素的斑块数为 47539 个，面积占比为 26.55%。以中度限制为主，以土壤有机质和剖面构型为主要限制因素。其中，轻度限制的斑块数为 1794 个，面积占比为 0.93%；中度限制的斑块数为 43511 个，面积占比为 24.66%；重度限制的斑块数为 2234 个，面积占比为 0.96%。

表 4-35　流域 11 等地质量核心限制因素

11 等地	限制因素	斑块数/个	面积占比/%
轻度	总计	1794	0.93
	表层土壤质地	1212	0.59
	土壤有机质	321	0.24
	障碍层距地表深度	259	0.10
	土壤 pH 值	2	0.00
中度	总计	43511	24.66
	土壤有机质	32199	20.15

11 等地		限制因素	斑块数/个	面积占比/%
		剖面构型	5997	2.78
		排水条件	3618	0.93
中度		表层土壤质地	1225	0.59
		障碍层距地表深度	384	0.20
		土壤 pH 值	88	0.01
		总计	2234	0.96
		排水条件	1307	0.55
重度		表层土壤质地	722	0.29
		土壤 pH 值	159	0.08
		盐渍化程度	46	0.04
合计			47539	26.55

　　根据流域 12 等地质量核心限制因素（表 4-36），流域 12 等耕地存在限制因素的斑块数为 33786 个，面积占比为 15.35%。以中度限制为主，以表层土壤质地为主要限制因素。其中，中度限制的斑块数为 25401 个，面积占比为 12.39%，重度限制的斑块数为 8385 个，面积占比为 2.96%。

表 4-36　流域 12 等地质量核心限制因素

12 等地	限制因素	斑块数/个	面积占比/%
	总计	25401	12.39
	表层土壤质地	13881	8.36
中度	土壤有机质	10820	3.57
	剖面构型	387	0.26
	障碍层距地表深度	313	0.20
	总计	8385	2.96
	排水条件	7034	2.38
重度	表层土壤质地	1227	0.53
	土壤 pH 值	116	0.05
	盐渍化程度	8	0.00
合计		33786	15.35

根据流域 13 等地质量核心限制因素（表 4-37），流域 13 等地存在限制因素的斑块数为 661 个，面积占比为 0.24%。全部为重度限制，其限制因素为排水条件。

表 4-37　流域 13 等地质量核心限制因素

13 等地	限制因素	斑块数/个	面积占比/%
重度	总计	661	0.24
	排水条件	661	0.24
合计		661	0.24

4.4　耕地生态环境分析

4.4.1　化肥、农药、农膜使用

(1) 化肥

化学肥料，简称化肥。化肥是通过化学和物理方法制成的含有一种或几种农作物生长需要的营养元素的肥料，也称无机肥料，包括氮肥、磷肥、钾肥、微肥、复合肥料等。化肥的施用不仅可以提高土壤肥力，同时对提高粮食产量具有重要的作用。化肥已经成为当前农业生产投入中一项重要的生产资料。

2021 年，流域化肥使用量 48 万吨，化肥使用量排序为公主岭市＞梨树县＞伊通县＞双辽市＞东辽县＞铁东区＞铁西区＞龙山区＞西安区。公主岭市和梨树县化肥使用量分别为 15 万吨和 14 万吨，伊通县和双辽市化肥使用量分别为 7 万吨和 6 万吨，铁西区、铁东区、龙山区和西安区的化肥使用量相对较少。

当前的农业生产越来越依赖于化肥的使用，且部分农民在使用化肥方面存在严重的不合理、不科学等问题，化肥的利用率偏低，是农业碳排放重要的来源。化肥的过量使用容易造成土壤板结、酸化，破坏土壤结构，土壤养分失调，还会造成土壤的有益菌、蚯蚓的大量死亡。化肥含有有害物质，长期接触会对人体内部器官造成伤害。化肥污染土壤，导致水体富营养化，危害水生生物和人类健康。化肥过量使用、盲目使用会损耗基础地力，增加种粮成本，危及农产品质量安全。

(2) 农药

农药指在农业生产中，为保障、促进植物和农作物的成长，所施用的杀虫、杀菌、杀灭有害动物（或杂草）的一类药物统称。随着农业的不断发展，农药的使用已成为当前农业生产中必不可少的化学药品。

2021 年，流域农药使用量 6475.32t，农药使用量排序为公主岭市＞梨树

县＞伊通县＞东辽县＞双辽市＞铁东区＞西安区＞龙山区＞铁西区。公主岭市和梨树县的农药使用量为 2431t 和 1208t，东辽县和伊通县的农药使用量为 797.22t 和 950t，双辽市的农药使用量为 690t，其他区域的农药使用量相对较小。流失到环境中的农药通过蒸发、蒸腾，飘到大气之中，飘动的农药又被空气中的尘埃吸附，并随风扩散，造成大气环境的污染。大气中的农药通过降雨进入水里，从而造成水环境的污染，对人、畜，特别是水生生物造成危害。另外，流失到土壤中的农药，也会造成土壤板结。

（3）农膜

农膜作为一项塑料薄膜覆盖栽培技术，大概在 20 世纪 80 年代引入我国，由于塑料薄膜的覆盖，可以改善土壤的湿度、温度，作物的生长季节得以延长，提高粮食产量。2021 年，流域农膜使用量 3487.26t，农膜使用量排序为公主岭市＞梨树县＞铁东区＞东辽县＞双辽市＞伊通县＞西安区＞铁西区＞龙山区。公主岭市和梨树县的农膜使用量为 1231t 和 1198t，东辽县和铁东区的农膜使用量为 262.26t 和 341t，伊通县和双辽市的农膜使用量为 113t 和 262t，其他区域的农膜使用量较小。

随着农膜的大量使用，旧的农膜得到不妥善地处理，导致土地残膜量较大。不腐烂的农膜残留在土壤中，严重影响作物根系的伸展和微生物的活力，阻碍作物根系的深扎和对土壤水分、养分的吸收，造成土壤板结。同时，目前农民针对农膜的处理方式不恰当，焚烧农膜将进一步产生环境污染，对整个耕地生态造成严重的影响。

4.4.2 碳排放

考虑在农业生产过程中化肥、农药、农膜的使用，以及农业机械及灌溉等应用过程中的碳排放量，参考农田碳排放计算方法，计算得到 2000～2020 年间流域耕地碳排放量（表 4-38）。2000～2020 年，流域耕地碳排放量增加，从 2000 年 52434.86t 增长至 2010 年 72636.73t，再到 2020 年的 79398.71t，共增加 26963.85t。

表 4-38　2000～2020 年流域耕地碳排放量　　　　单位：t

区域	2000 年	2010 年	2020 年	2000～2020 年变化量
铁西区	452.85	757.38	1135.59	682.74
铁东区	746.78	1509.56	1384.99	638.21
梨树县	14266.56	19281.15	21278.53	7011.97
伊通县	7162.08	8881.86	10637.43	3475.35

区域	2000年	2010年	2020年	2000~2020年变化量
公主岭市	16864.59	23990.58	25654.66	8790.07
双辽市	7395.03	10837.08	12175.78	4780.75
龙山区	383.14	551.26	444.85	61.71
西安区	199.67	563.75	500.59	300.92
东辽县	4964.16	6264.11	6186.29	1222.13
辽河流域	52434.86	72636.73	79398.71	26963.85

从各区域来看，2000~2020年间，耕地碳排放量均有所增加，增加量的排序为公主岭市＞梨树县＞双辽市＞伊通县＞东辽县＞铁西区＞铁东区＞西安区＞龙山区。公主岭市耕地碳排放量最大，且一直呈增长趋势，从2000年16864.59t增长到2020年25654.66t，共增长8790.07t。梨树县耕地碳排放量仅次于公主岭市，2020年耕地碳排放量为21278.53t，共增长7011.97t。公主岭市和梨树县耕地基数大，在耕地利用过程中，对农药、化肥以及相应农业机械等投入总量多，由此引起的碳排放量较大。2000年双辽市耕地碳排放量为7395.03t，2020年排放量为12175.78t，共增长4780.75t。伊通县耕地碳排放量由7162.08t增加到10637.43t，东辽县由4964.16t增加到6186.29t。铁西区、铁东区、龙山区和西安区的碳排放量相对较小，变化量同样较小，四区耕地面积基数小，因此，投入耕地中的相应生产要素较少，碳排放量较低。

4.4.3 水土流失

对2023年吉林省水土保持公报相关数据进行统计，得到2023年流域水土流失面积（表4-39）。

表4-39 2023年流域水土流失面积 单位：km²

区域	水土流失面积	水力侵蚀						风力侵蚀					
		合计	轻度	中度	强烈	极强烈	剧烈	合计	轻度	中度	强烈	极强烈	剧烈
铁西区	338.76	338.76	294.94	31.67	8.42	3.43	0.3	0	0	0	0	0	0
铁东区	183.91	183.91	170.78	11.71	1.31	0.07	0.04	0	0	0	0	0	0
梨树县	482.16	460.97	456.95	3.37	0.29	0.21	0.15	21.19	20.96	0.08	0.03	0.12	0
伊通县	936.54	936.54	780.3	111.78	33.04	10.86	0.56	0	0	0	0	0	0
公主岭市	1063.36	1059.98	1027.97	24.63	4.19	2.17	1.02	3.38	3.15	0.12	0.11	0	0

区域	水土流失面积	水力侵蚀						风力侵蚀					
		合计	轻度	中度	强烈	极强烈	剧烈	合计	轻度	中度	强烈	极强烈	剧烈
双辽市	666.78	0	0	0	0	0	0	666.78	564.82	74.1	26.89	0.9	0.07
龙山区	65.25	65.25	61.1	3.31	0.28	0.29	0.27	0	0	0	0	0	0
西安区	67.86	67.86	60.73	6.07	0.86	0.13	0.07	0	0	0	0	0	0
东辽县	856.04	856.04	699.07	118.29	31.81	6.06	0.81	0	0	0	0	0	0
辽河流域	4660.66	3969.31	3551.84	310.83	80.2	23.22	3.22	691.35	588.93	74.3	27.03	1.02	0.07

2023 年流域水力侵蚀面积为 3969.31km²，占总侵蚀面积的 85%，风力侵蚀面积为 691.35km²，占总侵蚀面积的 15%。流域水土流失以水力侵蚀为主，在水力侵蚀中，轻度侵蚀占主要部分，面积为 3551.84km²，占水力侵蚀面积的 89%，中度侵蚀面积为 310.83km²。在风力侵蚀中，轻度侵蚀占主要部分，面积为 588.93km²，中度侵蚀面积为 74.3km²。其自然成因源于地形多为山地丘陵和漫川漫岗，土壤疏松，抗蚀能力弱，降雨季节分配不均，集中降雨对土壤的冲刷力强，极易产生不同程度的水土流失。

从各区域水土流失情况来看，公主岭市水土流失面积最大，为 1063.36km²，其中水力侵蚀 1059.98km²，以轻度侵蚀为主，轻度水力侵蚀面积为 1027.97km²，风力侵蚀 3.38km²。伊通县和东辽县水土流失面积次之，分别为 936.54km² 和 856.04km²，全部为水力侵蚀，风力侵蚀均为 0；伊通县和东辽县水力中度侵蚀的面积在流域范围内较大，分别为 111.78km² 和 118.29km²。双辽市水土流失面积 666.78km²，与其他区域不同的是，双辽市水土流失全部是风力侵蚀，轻度侵蚀为 564.82km²，中度侵蚀为 74.1km²，是流域风力侵蚀的主要来源。梨树县水土流失面积为 482.16km²，其中水力侵蚀 460.97km²，以轻度为主，风力侵蚀 21.19km²，以轻度为主。铁西区、铁东区、西安区和龙山区的水土流失面积相对较少，且均为水力侵蚀，无风力侵蚀。

2022～2023 年流域水土流失年度变化量见表 4-40。

表 4-40 2022～2023 年流域水土流失年度变化量

区域	年度	水土流失面积/km²					
		小计	轻度	中度	强烈	极强烈	剧烈
铁西区	2023 年	338.76	294.94	31.67	8.42	3.43	0.3
	2022 年	352.42	301.55	35.32	10.75	4.51	0.29
	动态变化	−13.66	−6.61	−3.65	−2.33	−1.08	0.01

区域	年度	水土流失面积/km²					
		小计	轻度	中度	强烈	极强烈	剧烈
铁东区	2023 年	183.91	170.78	11.71	1.31	0.07	0.04
	2022 年	203.17	185.69	15.54	1.9	0.04	0
	动态变化	−19.26	−14.91	−3.83	−0.59	0.03	0.04
梨树县	2023 年	482.16	477.91	3.45	0.32	0.33	0.15
	2022 年	505.23	501.93	3.04	0.13	0.13	0
	动态变化	−23.07	−24.02	0.41	0.19	0.2	0.15
伊通县	2023 年	936.54	780.3	111.78	33.04	10.86	0.56
	2022 年	940.36	783.48	112.64	33.04	10.75	0.45
	动态变化	−3.82	−3.18	−0.86	0	0.11	0.11
公主岭市	2023 年	1063.36	1031.12	24.75	4.3	2.17	1.02
	2022 年	1097.94	1069.68	24.12	3.16	0.85	0.13
	动态变化	−34.58	−38.56	0.63	1.14	1.32	0.89
双辽市	2023 年	666.78	564.82	74.1	26.89	0.9	0.07
	2022 年	694.92	584.98	78.28	30.66	0.92	0.08
	动态变化	−28.14	−20.16	−4.18	−3.77	−0.02	−0.01
龙山区	2023 年	65.25	61.1	3.31	0.28	0.29	0.27
	2022 年	77.19	72.08	4.87	0.23	0.01	0
	动态变化	−11.94	−10.98	−1.56	0.05	0.28	0.27
西安区	2023 年	67.86	60.73	6.07	0.86	0.13	0.07
	2022 年	69.87	62.21	6.68	0.91	0.06	0.01
	动态变化	−2.01	−1.48	−0.61	−0.05	0.07	0.06
东辽县	2023 年	856.04	699.07	118.29	31.81	6.06	0.81
	2022 年	946.66	751.13	144.61	43.39	7.46	0.07
	动态变化	−90.62	−52.06	−26.32	−11.58	−1.4	0.74
辽河流域	2023 年	4660.66	4140.77	385.13	107.23	24.24	3.29
	2022 年	4887.76	4312.73	425.1	124.17	24.73	1.03
	动态变化	−227.1	−171.96	−39.97	−16.94	−0.49	2.26

2022~2023年，流域水土流失面积有所减少，共减少 227.1km²，其中轻度侵蚀减少 171.96km²，中度侵蚀减少 39.97km²，强烈侵蚀减少 16.94km²，极强烈侵蚀减少 0.49km²，但剧烈侵蚀的面积有所增加，增加 2.26km²。各区域水土流失的面积均减少，减少面积的大小排序为东辽县＞公主岭市＞双辽市＞梨树县＞铁东区＞铁西区＞龙山区＞伊通县＞西安区。

东辽县水土流失减少量最多，共减少 90.62km²，除剧烈侵蚀有所增加，其他强度的水土流失均减少。水土流失量的减少与其相应的治理工程等有密切关系，2023 年东辽县投入水土流失治理资金 1173 万元，治理侵蚀沟 60 条，治理与控制水土流失面积 14.63km²。

公主岭市共减少水土流失面积 34.58km²，其中轻度水土流失面积减少 38.56km²，但中度、强烈、极强烈和剧烈水土流失面积均有所增加，分别增加 0.63km²、1.14km²、1.32km² 和 0.89km²。2023 年公主岭市投入水土流失治理资金 660 万元，治理侵蚀沟 25 条，治理与控制水土流失面积 8.4km²。

双辽市共减少水土流失面积 28.14km²，所有强度的水土流失均有所减少。梨树县共减少水土流失面积 23.07km²，以轻度水土流失面积减少量为主，为 24.02km²，其他强度的水土流失均有所增加。铁东区共减少水土流失面积 19.26km²，以轻度减少量为主。铁西区减少水土流失面积 13.66km²，除剧烈侵蚀有所增加，其他强度的水土流失均减少。龙山区水土流失面积减少 11.94km²，以轻度为主。伊通县和西安区水土流失面积分别减少 3.82km² 和 2.01km²，减少量相对较小。

第5章

流域耕地生态价值测算及分析

5.1　耕地生态价值测算体系构建

耕地生态价值作为耕地保护的非市场价值，是耕地生态补偿标准制定的依据，建立多尺度耕地生态价值核算体系，对于完善耕地生态补偿机制、促进区域协调发展与国土空间格局优化具有重要意义。

本书基于耕地数量、质量及生态"三位一体"保护的理念，采用当量因子法、市场替代法，引入景观格局指数、耕地综合质量系数等，综合考虑耕地数量及空间配置情况、耕地质量差异，耕地生态负外部性，建立流域多尺度耕地生态价值核算体系，测算 2000～2020 年间吉林省辽河流域、地市及区县尺度下的耕地生态价值，分析流域不同空间尺度下耕地生态价值时空差异特征。

《中共中央　国务院关于学习运用"千村示范、万村整治"工程经验有力有效推进乡村全面振兴的意见》文件要求健全耕地数量、质量、生态"三位一体"保护制度体系。坚守耕地红线不突破，保证耕地数量不减少是确保粮食生产总量，保障国家粮食安全的基础，而耕地质量的不断提升是保证耕地高产和稳产的核心，落实耕地生态保护是维持耕地永续利用的关键。因此，强化耕地数量、质量、生态"三位一体"保护理念，对于增加耕地资源的可持续供给能力，保障国家粮食安全与生态安全，以及维持社会稳定意义重大。耕地生态价值是耕地数量保护、质量保护及生态保护多重作用的结果，耕地数量底线及空间配置差异决定着耕地生态价值总量，而耕地质量保护将会进一步促进耕地生态价值的发挥。耕地生态保护可以约束耕地利用过程中的不良耕作方式，如农药、化肥等化学制品的过度使用等，从而遏制生态负外部性，降低其生态价值的损失。因此，基于耕地"三位一体"保护的逻辑，建立以耕地数量及空间配置确定耕地生态价值总量、以耕地质量差异修正生态价值、以生态负外部性对价值量进行核减的多尺度耕地生态价值核算体系，明确流域多尺度耕地生态价值的时空差异特征。

5.1.1 耕地生态价值总量

耕地数量及空间配置情况是衡量耕地生态服务价值的基础。Costanza 等基于全球尺度提出的当量因子难以反映中国生态系统"生产-消费-价值"的实现过程。谢高地等学者针对森林、草地、农田、湿地、水体、荒漠六类生态系统，生物多样性保护、废物处理、气候调节、水源涵养、气体调节、土壤保护、食物产出、原料生产及文化功能 9 项生态服务功能进行了测算研究，并提出了中国陆地生态系统单位面积生态价值当量表。随着研究的深入，越来越多的生态学家提出生态系统以及生态系统服务功能受到各种生态学因素的影响，因此，生态系统生态结构、服务功能与生态价值都处于一个动态变化的过程。基于此，谢高地等学者于 2008 年和 2015 年对中国陆地生态系统单位面积生态价值当量表进行了修正，提出了新的单位面积生态系统服务价值当量表，将生态系统分为农田、森林、草地、湿地、荒漠、水域六大生态系统，对于这六大生态系统又进行了二级分类，共划分成十四项具体的生态系统。将生态系统服务功能划分为四大类，同时将这四大类生态服务区分为十一小类，并对各类生态系统服务价值当量进行了测算与修正。

基于生态服务价值理论，采用谢高地提出的当量因子法测算以耕地数量为基数的耕地生态服务价值，选取稻谷、小麦、玉米、薯类和豆类五种粮食作物参与耕地生态服务价值核算。计算公式如下：

$$E_a = \sum_{i=1}^{n} \frac{a_i k_i p_i}{7N} \tag{5-1}$$

$$E = fE_a \tag{5-2}$$

式中　E_a——单位生物当量因子价值量，元/hm^2；

　　　a_i——粮食作物 i 的播种面积，hm^2；

　　　k_i——粮食作物 i 的单产，kg/hm^2；

　　　p_i——粮食作物 i 的单价，元/kg；

　　　N——粮食作物总播种面积，hm^2；

　　　E——基于耕地数量计算的耕地生态价值，元/hm^2；

　　　f——单位耕地生物当量因子。

根据谢高地的研究，耕地生态系统服务的正面价值有生产食物、生产原材料、气体调节、气候调节、水文调节、废物处理、保持土壤、维护生物多样性、提供美学景观等，其单位面积生态服务价值当量分别为 1.00、0.39、0.72、0.97、0.77、1.39、1.47、1.02、0.17，总计为 7.9，这些服务的价值即为耕地生态系统服务的正面价值。由于农民在经营中已经获得生产食物和生产原材料的市场价值，因此，剔除该部分市场价值后 f 取值为 6.51，1/7 代表全国粮食单产的市场价值是单位耕地当量因子价值量的 7 倍。

耕地作为一种重要的生态空间，内部生态要素的完整性与连通性对其所发挥的生态服务功能影响巨大，如人类活动造成生态景观的割裂、孤立等在某种程度上很容易导致生态隔离及生态孤岛现象的出现，从而降低其生态价值。单纯以耕地数量决定耕地生态价值总量容易忽略其内部空间配置差异（耕地集中连片程度、破碎度等）对生态价值造成的影响，为将此影响纳入耕地生态价值核算体系中，依据耕地景观空间配置的调整系数，作为反映耕地景观结构、空间差异特征的量化指标，同时可以反映人类活动对耕地景观的干扰程度，对以耕地数量为基数测算的耕地生态价值进行修正，以期弥补仅考虑耕地数量单一角度计算其生态价值总量的不足。

$$E_j = E \times LS \tag{5-3}$$

式中　E_j——基于耕地数量和空间配置的流域尺度、地市尺度及区县尺度下的耕地生态服务价值，元/hm²；

　　　LS——耕地景观空间配置的调整系数，取值为耕地景观空间配置综合评价值与平均评价值之比。

景观格局指数是指景观格局与景观指数。景观格局通常是指景观的空间结构特征，具体是指由自然或人为形成的，一系列大小、形状各异，排列不同的景观镶嵌体在景观空间的排列，既是景观异质性的具体表现，又是包括干扰在内的各种生态过程在不同尺度上作用的结果。空间斑块性是景观格局最普遍的形式，表现在不同的尺度上。景观格局及其变化是自然和人为多种因素相互作用所产生的，是一定区域生态环境体系的综合反映。景观斑块的类型、形状、大小、数量和空间组合既是各种干扰因素相互作用的结果，又影响着该区域的生态过程和边缘效应。

耕地景观格局指数可以高度概括耕地景观格局信息，反映其景观异质性及空间结构特征。利用多个指数构建综合性指标，可以降低指数冗余性，对区域耕地景观空间配置差异进行综合性表征。参考相关研究，选取耕地景观最大斑块指数、斑块密度、平均斑块形状指数和聚合度指数4个景观格局指数综合评价流域耕地景观空间配置情况，耕地景观指数计算公式及含义如下。

最大斑块指数计算公式为：

$$LPI = \frac{\max a_{ij}}{A} \times 100\% \tag{5-4}$$

式中　LPI——最大斑块指数，%；

　　　a_{ij}——斑块 ij 面积，hm²；

　　　A——景观面积，hm²。

$0 < LPI \leqslant 100\%$，反映最大斑块对景观的影响程度，其值越大，耕地的集中连片程度越高。

斑块密度计算公式为：

$$PD = \frac{n_i}{100A} \qquad (5-5)$$

式中　PD——斑块密度，个/100hm²；

n_i——斑块 i 数量，个。

PD>0，反映斑块的破碎程度，其值越大，景观的破碎度越高。

平均斑块形状指数计算公式为：

$$SHAPE\_MN = \sum_{i=1}^{n} \frac{0.25P_i}{A\sqrt{a_i}} \qquad (5-6)$$

式中　SHAPE_MN——平均斑块形状指数；

P_i——斑块 i 周长，m；

a_i——斑块 i 面积，hm²。

SHAPE_MN≥1，反映斑块的形状指数，其值越大，斑块形状越复杂，破碎度越高。

聚合指数计算公式为：

$$AI = \left[\sum_{i=1}^{n} \left(\frac{g_i}{\max \rightarrow g_i} \right) p_i \right] \times 100\% \qquad (5-7)$$

式中　AI——聚合指数，%；

g_i——i 类景观斑块相似邻接的斑块数量，个；

p_i——i 类景观斑块占景观比例，%。

0<AI≤100%，反映景观斑块的聚集度，其值越高，景观斑块的聚集程度越高。

最大斑块指数用于确定景观中的优势斑块类型，间接反映人类活动干扰的方向和大小。优势斑块会随着人类活动的干扰而发生变化。斑块密度表征景观被分割的破碎程度，反映景观空间结构的复杂性，在一定程度上反映了人类对景观的干扰程度。景观破碎化是由于自然或人为干扰所导致的景观由单一、均质和连续的整体趋向于复杂、异质和不连续的斑块镶嵌体的过程，景观破碎化是生物多样性丧失的重要原因之一，与自然资源保护密切相关。平均斑块形状指数反映斑块形状的复杂程度，通过计算区域内某斑块形状与相同面积的圆或正方形之间的偏离程度来测量形状复杂程度。聚合指数基于同类型斑块像元间的公共边界长度，考察景观类型斑块间的连通性，当某类型中所有像元间不存在公共边界时，该类型的聚合程度最低，而当类型中所有像元间存在的公共边界达到最大值时，具有最大的聚合指数。如果一个景观由许多离散的小斑块组成，其聚集度的值较小，当景观中以少数大斑块为主或同一类型斑块高度连接时，聚集度的值较大。

以流域耕地分布的栅格数据为基础，基于 Fragstats4.2 软件，计算流域不同空间尺度下的耕地景观格局指数，对各景观指数进行无量纲化处理的基础上，采用熵权法计算不同景观指数权重值，确定流域、地市及区县三个尺度下耕地景观空间配置评价值，反映不同空间尺度下耕地景观空间配置的差异。

$$T_j = -\frac{1}{\ln(n)} \sum_{i=1}^{n} h_{ij} \times \ln h_{ij} \tag{5-8}$$

$$W_j = \frac{1 - T_j}{\sum_{j=1}^{m} (1 - T_j)} \tag{5-9}$$

$$LS = \frac{ap_j}{\overline{ap}} = \frac{\sum_{i=1}^{n} la_{ij} \times W_j}{\overline{ap}} \tag{5-10}$$

式中 T_j——景观指标的熵权值；

      h_{ij}——j 指标在 i 区域所占比例；

      W_j——j 景观指标的权重值；

      ap_j——区域 j 的耕地景观空间配置评价值；

      $\overline{ap}$——耕地景观空间配置评价平均值；

      la_{ij}——耕地景观格局指数的无量纲化值；

      n——区域个数，个；

      m——景观指标数，个。

5.1.2 耕地生态价值修正

耕地质量保护生态价值指因耕地质量保护而整体提升的耕地生态价值增量，是耕地数量保护生态价值的延续。耕地质量提升势必会促进耕地生态价值，而耕地质量退化的区域，将会对耕地生态价值造成不良影响。因此，考虑区域耕地质量差异特征，利用耕地综合质量系数对耕地生态价值进行修正。

$$Q_j = \sum_{i=1}^{n} \frac{T_{ij}}{T_j} \times \frac{k}{Y} \tag{5-11}$$

$$k = \frac{100(m - i)}{m} \tag{5-12}$$

式中 Q_j——区域耕地质量修正系数；

      k——i 类别耕地的分值；

      T_{ij}——j 区域 i 等耕地面积，hm^2；

      T_j——区域 j 的耕地总面积，hm^2；

      Y——全国耕地质量平均分值；

      m——耕地质量等别，按照全国耕地 15 等进行划分。

5.1.3 耕地生态价值核减

诸多农业生产方式如农药、化肥、农膜的过度使用，农业用水及耗水等会对耕地生态造成负面的影响，产生负向价值。耕地生态负向价值是耕地生态价值核算过程中不可忽略的一部分，采用市场替代法，计算农药、化肥的过度使用、农膜残留及农业耗水等产生的耕地生态负外部性，对耕地生态价值进行核减。

$$NE = ne_1 + ne_2 + ne_3 + ne_4 \tag{5-13}$$

式中　NE——耕地生态负外部价值，元/hm²；

　　　ne_1——耕地过量使用农药产生的生态负面价值，元/hm²；

　　　ne_2——耕地过量使用化肥产生的生态负面价值，元/hm²；

　　　ne_3——耕地残留农膜产生的生态负向价值，元/hm²；

　　　ne_4——农业耗水产生的生态负向价值，元/hm²。

随着生活水平的提高，人们对农产品的需求逐渐增多，导致农业生产优先考虑高产量、短生长期、高附加值、少人工消耗等。为了实现高产量，农业生产中农药、化肥广泛投入，造成了严重的环境污染。农药、化肥的盲目使用和不合理使用，造成土壤肥力下降、土壤酸化、土地板结、水体污染、生态系统破坏等。目前农药、化肥在农业生产中投入高，但利用率不高。由耕地中农药、化肥过度使用产生的生态负向价值计算公式如下：

$$ne_1 = \frac{q \times (1-\alpha) \times P_q}{A} \tag{5-14}$$

$$ne_2 = \frac{d \times (1-\beta) \times P_d}{A} \tag{5-15}$$

式中　q——农药使用量，kg；

　　　d——化肥使用量，kg；

P_q、P_d——农药市场价格和化肥市场价格，元/kg；

　α、β——农药利用率和化肥利用率，%；

　　　A——耕地面积，hm²。

参考相关研究，农药利用率取值为 34.17%，化肥利用率取值为 35%。

残留农膜对环境的污染主要体现在以下 3 个方面。

① 危害土壤环境。农膜残留在土壤中的碎片会破坏土壤孔隙的连续性，造成土壤水分渗透量减少，降低耕地抗旱能力。会影响土壤的透气性，阻碍土壤水肥的运移。

② 对农作物的危害。残留的农膜会阻止农作物根系畅通，影响作物正常吸收水分和养分。

③ 影响农村环境景观。残膜若回收不彻底，会造成视觉污染。

该部分负面价值的计算公式如下：

$$ne_3 = \frac{\gamma\theta \times dm_i \times v_is_i}{A} \tag{5-16}$$

式中　　γ ——农膜残留比率，%；

θ ——粮食损失率，%；

dm_i ——农膜覆盖面积，hm^2；

v_i ——粮食单产，kg/hm^2；

s_i ——粮食市场价格，元/kg。

农膜残留比例取值为 41.7%，粮食损失率取值为 10%。

农业灌溉措施的实施提高了耕地生态系统的生产力，但也导致了很多资源环境问题，如华北地区的地下水漏斗、新疆维吾尔自治区的塔里木河干涸等。吉林省辽河流域属于资源型缺水区域，且水资源利用开发率较高，水体污染较为严重。由农业水资源消耗产生的生态负向价值计算公式如下：

$$ne_4 = \frac{ZcG}{A} \tag{5-17}$$

式中　　Z ——农业用水量，m^3；

c ——农业耗水率，%；

G ——水库蓄水成本，元/m^3，取值 1.17 元/m^3。

综合以上分析，得出流域基于耕地数量及空间配置、耕地质量差异及耕地生态负外部性的耕地生态服务价值。

$$aqe = E_jQ_j - NE \tag{5-18}$$

式中　　aqe ——考虑耕地数量及空间配置、耕地质量及耕地生态负外部性的区域耕地生态服务价值，元/hm^2。

5.2　耕地生态价值分析

5.2.1　耕地数量及空间配置生态价值分析

根据当量因子法，计算得到 2000~2020 年流域耕地数量保护生态价值（表 5-1）。

表 5-1　2000~2020 年流域耕地数量保护生态价值　单位：元/hm^2

空间尺度	地区	2000 年		2010 年		2020 年	
		当量因子价值量	耕地数量保护生态价值	当量因子价值量	耕地数量保护生态价值	当量因子价值量	耕地数量保护生态价值
区县尺度	铁西区	353.15	2299.02	1267.85	8253.73	2228.88	14510.03
	铁东区	742.94	4836.57	2062.46	13426.62	2212.25	14401.74

空间尺度	地区	2000 年		2010 年		2020 年	
		当量因子价值量	耕地数量保护生态价值	当量因子价值量	耕地数量保护生态价值	当量因子价值量	耕地数量保护生态价值
区县尺度	梨树县	754.00	4908.51	3302.88	21501.77	2720.33	17709.34
	伊通县	754.70	4913.11	3012.81	19613.37	2612.34	17006.35
	公主岭市	745.32	4852.04	3201.73	20843.29	2691.87	17524.10
	双辽市	474.94	3091.85	2690.19	17513.11	2443.36	15906.28
	龙山区	964.92	6281.60	1892.97	12323.23	1938.35	12618.65
	西安区	386.41	2515.53	2058.17	13398.70	1911.66	12444.90
	东辽县	956.54	6227.08	2135.26	13900.51	2208.51	14377.41
地市尺度	四平市	702.68	4574.48	3070.88	19991.46	2624.99	17088.69
	辽源市	949.67	6182.36	2112.47	13752.18	2183.21	14212.70
流域尺度	辽河流域	729.58	4749.55	2978.49	19389.94	2578.78	16787.85

由结果可知，2000 年流域耕地数量保护生态价值为 4749.55 元/hm²，四平市和辽源市耕地数量保护生态价值分别为 4574.48 元/hm² 和 6182.36 元/hm²，辽源市耕地数量保护生态价值高于四平市。从各区县结果来看，龙山区耕地数量保护生态价值较高，为 6281.60 元/hm²；其次是东辽县，为 6227.08 元/hm²；铁东区、梨树县、伊通县和公主岭市的耕地数量保护生态价值介于 4836.57～4913.11 元/hm² 之间，相差不大。而西安区和铁西区耕地数量保护生态价值较小，分别为 2515.53 元/hm² 和 2299.02 元/hm²。整体来看，流域各县（市、区）耕地数量保护生态价值相差较大。

2010 年，流域耕地数量保护生态价值为 19389.94 元/hm²，由于耕地数量及粮食产量增加，耕地资源生态价值有大幅度提升。四平市耕地数量保护生态价值高于辽源市，其价值分别为 19991.46 元/hm² 和 13752.18 元/hm²。从各区县结果来看，梨树县和公主岭市的耕地数量保护生态价值达到 20000 元/hm² 以上，梨树县耕地数量保护生态价值最大，为 21501.77 元/hm²；其次为公主岭市，为 20843.29 元/hm²。铁西区耕地数量保护生态价值最小，为 8253.73 元/hm²。其他各区县生态价值介于 12323.23～19613.37 元/hm² 之间，均提供着不同程度的生态产品与服务。

2020 年，流域耕地数量保护生态价值为 16787.85 元/hm²，相比于 2010 年耕地数量保护生态价值有所下降，但整体仍高于 2000 年，其数值主要取决于粮食产量及耕地面积等。四平市的耕地数量保护生态价值依然高于辽源市，其值分别为 17088.69 元/hm² 和 14212.70 元/hm²。从各区县的结果来看，梨树县耕地数量保护生态价值最大，为 17709.34 元/hm²；铁西区、铁东区、龙山区和西安区的耕地数量保护生态价值相对较小，整体的空间分异规律逐渐显现。

根据耕地景观空间配置修正系数计算公式，对耕地数量保护生态价值进行修正后，得到 2000～2020 年流域耕地景观空间配置修正系数及经修正后的耕地生态价值（表 5-2）。

表 5-2　2000～2020 年流域耕地景观空间配置修正系数及生态价值

空间尺度	地区	2000 年		2010 年		2020 年	
		耕地景观空间配置修正系数	耕地数量及空间配置生态价值/(元/hm²)	耕地景观空间配置修正系数	耕地数量及空间配置生态价值/(元/hm²)	耕地景观空间配置修正系数	耕地数量及空间配置生态价值/(元/hm²)
区县尺度	铁西区	0.9475	2178.25	0.8168	6741.45	0.7836	11370.40
	铁东区	0.5636	2725.80	0.5908	7932.15	0.5806	8361.56
	梨树县	1.5468	7592.25	1.4916	32072.50	1.3046	23104.06
	伊通县	0.8978	4411.20	0.9439	18512.14	0.9302	15819.74
	公主岭市	1.4324	6950.23	1.3242	27599.89	1.4171	24832.64
	双辽市	1.2363	3822.55	1.2232	21421.86	1.3100	20837.55
	龙山区	0.3902	2451.29	0.5557	6848.14	0.7419	9361.93
	西安区	0.8041	2022.66	0.8227	11022.76	0.7891	9820.51
	东辽县	0.9486	5907.01	0.9996	13894.58	0.9817	14114.14
地市尺度	四平市	0.9949	4550.94	1.2891	20099.10	0.9419	16096.21
	辽源市	0.9324	5764.63	0.9372	12888.76	0.9782	13902.19
流域尺度	辽河流域	1.3054	6200.06	1.2891	24994.83	1.2411	20834.73

从耕地景观空间配置修正系数的结果来看，2000 年，流域耕地景观空间配置修正系数为 1.3054，大于 1，说明考虑耕地景观空间配置后，对其耕地生态价值产生促进作用。四平市和辽源市修正系数分别为 0.9949 和 0.9324，均小于 1，考虑耕地景观空间配置后，对其耕地生态价值产生抑制作用，但抑制程度较小。从各区县结果来看，梨树县耕地景观空间配置修正系数最大，为 1.5468；其次为公主岭市，为 1.4324；双辽市修正系数为 1.2363，由于其耕地破碎度较低，

集中连片程度较大，考虑耕地空间配置情况后，对其生态价值产生较大的促进作用。除梨树县、公主岭市和双辽市，其他各区县的耕地景观空间配置修正系数均小于1。龙山区最小，由于龙山区耕地斑块破碎程度较大，最大斑块指数和聚合指数都较小，导致耕地景观空间配置修正系数较小，仅为0.3902，经修正后，耕地生态价值变化较大，由6281.60元/hm²下降到2451.29元/hm²。铁西区、伊通县、西安区和东辽县的修正系数介于0.8041～0.9486之间。引入耕地景观空间配置修正系数后，不同尺度下耕地保护生态价值均有所调整，考虑耕地空间配置差异，可以将尺度效应的影响纳入耕地生态价值核算中。

2000年，流域基于耕地数量及空间配置的耕地生态价值为6200.06元/hm²，辽源市耕地生态价值高于四平市，分别为5764.63元/hm²和4550.94元/hm²。从各区县结果来看，梨树县耕地生态价值最大，为7592.25元/hm²；其次为公主岭市，为6950.23元/hm²；东辽县耕地生态价值为5907.01元/hm²。铁西区、铁东区、龙山区和西安区的耕地生态价值较低，分别为2178.25元/hm²、2725.80元/hm²、2451.29元/hm²和2022.66元/hm²，均在3000元/hm²以下，其耕地生态价值的空间差异逐渐显现，出现"县市高、区低"的演化特征。

2010年，流域耕地景观空间配置修正系数为1.2891，大于1，证明考虑耕地空间配置后，其耕地的集中连片程度、斑块形状等对耕地生态价值起到一定程度的促进作用。四平市耕地景观空间配置修正系数为1.2891，大于1；辽源市为0.9372，小于1，辽源市耕地景观的破碎度增大，导致对其生态价值产生一定的抑制作用。从各区县的结果来看，梨树县、公主岭市和双辽市的耕地景观空间配置修正系数大于1，而其他区域的修正系数均小于1，考虑耕地空间配置的差异，对其耕地生态价值均有不同程度的影响。

2010年，流域基于耕地数量及空间配置耕地生态价值为24994.83元/hm²，产生显著的耕地生态效益。四平市耕地生态价值为20099.10元/hm²，高出辽源市7210.34元/hm²，其生态价值的差异性加大。各区县耕地生态价值的差异同样被进一步拉大。耕地生态价值最大的依然是梨树县，为32072.50元/hm²；其次是公主岭市，为27599.89元/hm²；双辽市耕地生态价值为21421.86元/hm²。耕地生态价值较小的铁西区、铁东区和龙山区，分别为6741.45元/hm²、7932.15元/hm²和6848.14元/hm²，其他区域的耕地生态价值介于11022.76～18512.14元/hm²之间。

2020年，流域整体耕地景观空间配置修正系数为1.2411，修正后耕地生态价值为20834.73元/hm²，在流域尺度下，耕地空间分布的集中连片程度提高，由于其耕地内部连通度的提高，流域耕地生态价值增长显著。辽源市耕地景观空间配置修正系数略高于四平市，修正系数分别为0.9782和0.9419，均小于1；修正后的耕地生态价值分别为13902.19元/hm²和16096.21元/hm²。各区县耕地景观空间配置修正系数介于 0.5806～1.4171 之间，差异显著。

当耕地作为重要的生态空间，其内部要素连通性较大、破碎度较低时，会对耕地所发挥的生态价值起到促进作用；相反，当耕地内部的连通性较低、破碎度较大的情况下，会削弱耕地生态价值，产生抑制作用。修正后的各区县耕地生态价值更能体现区域差异及尺度效应特征，其中，耕地景观空间配置修正系数对耕地生态价值起到促进作用的有梨树县、公主岭市和双辽市，修正后的耕地生态价值分别为 23104.06 元/hm²、24832.64 元/hm² 和 20837.55 元/hm²；对耕地生态价值起到抑制作用的有铁西区、铁东区、伊通县、龙山区、西安区和东辽县，修正后的耕地生态价值分别为 11370.40 元/hm²、8361.56 元/hm²、15819.74 元/hm²、9361.93 元/hm²、9820.51 元/hm² 和 14114.14 元/hm²。总体来看，基于耕地数量及空间配置所得出的耕地生态价值，不同空间尺度下的价值量差异较大。

5.2.2 耕地质量修正生态价值分析

结合耕地分等定级成果和耕地质量修正系数计算公式，得到流域耕地质量修正系数（表5-3）。

表 5-3 流域耕地质量修正系数

空间尺度	地区	8 等地 占比/%	9 等地 占比/%	10 等地 占比/%	11 等地 占比/%	12 等地 占比/%	13 等地 占比/%	耕地质量 修正系数
区县尺度	铁西区	0	13.80	75.41	10.80	0	0	0.9800
	铁东区	0	0.68	69.46	29.84	0.02	0	0.9172
	梨树县	1.46	60.09	32.18	6.05	0.22	0	1.0843
	伊通县	0	0	15.14	42.24	40.87	1.75	0.7224
	公主岭市	0	49.33	16.41	5.65	28.61	0	0.9478
	双辽市	0	0	14.97	83.12	1.91	0	0.8048
	龙山区	0	0	0	100	0	0	0.7793
	西安区	0	0	0	4.22	95.78	0	0.8200
	东辽县	0.94	40.68	43.49	4.75	10.15	0	1.0083
地市尺度	四平市	0.39	32.30	22.63	27.19	17.22	0.27	0.9169
	辽源市	0.79	34.44	36.81	13.23	14.73	0.79	0.9612
流域尺度	辽河流域	0.44	32.54	24.22	25.63	16.94	0.24	0.9219

根据结果可知，流域耕地质量修正系数为 0.9219，四平市和辽源市耕地质量修正系数分别为 0.9169 和 0.9612，均小于1，进行耕地质量修正后，对其耕

地生态价值产生一定抑制作用，但影响程度较小。从各区县结果来看，只有梨树县和东辽县耕地质量修正系数大于1，分别为1.0843和1.0083，经耕地质量修正后，对其耕地生态价值产生一定促进作用，但作用程度较小。其他各区县修正系数介于0.7224~0.9800之间。考虑耕地质量差异后，得到2000~2020年流域耕地质量修正生态价值（表5-4）。

表5-4　2000~2020年流域耕地质量修正生态价值　单位：元/hm²

空间尺度	地区	2000年质量修正耕地生态价值	2010年质量修正耕地生态价值	2020年质量修正耕地生态价值
区县尺度	铁西区	2134.67	6606.57	11142.91
	铁东区	2500.24	7275.77	7669.64
	梨树县	8232.16	34775.73	25051.38
	伊通县	3186.51	13372.58	11427.68
	公主岭市	6587.32	26158.73	23535.98
	双辽市	3076.33	17239.94	16769.71
	龙山区	1910.33	5336.88	7295.915
	西安区	1658.58	9038.66	8052.821
	东辽县	5955.81	14009.36	14230.74
地市尺度	四平市	4172.94	18429.66	14759.25
	辽源市	5540.77	12388.25	13362.32
流域尺度	辽河流域	5715.75	23042.41	19207.26

2000年流域耕地质量修正生态价值为5715.75元/hm²，四平市和辽源市耕地质量修正生态价值分别为4172.94元/hm²和5540.77元/hm²。各区县耕地生态价值均有所调整，整体调整力度不大。梨树县耕地生态价值最大，为8232.16元/hm²；其次为公主岭市，为6587.32元/hm²；西安区耕地生态价值最小，为1658.58元/hm²，考虑耕地数量及空间配置、耕地质量差异后，耕地生态价值差异程度增大。

经耕地质量修正系数修正后，2010年流域耕地生态价值为23042.41元/hm²，四平市和辽源市的耕地生态价值分别为18429.66元/hm²和12388.25元/hm²，差距被进一步缩小。从各区县耕地生态价值来看，除梨树县和东辽县有小幅度增长，其他均有不同程度的下降。

2020年，流域耕地质量修正生态价值为19207.26元/hm²，四平市与辽源市耕地生态价值之间的差距减小，分别为14759.25元/hm²和13362.32元/hm²。

5.2.3 耕地生态负向价值及耕地生态价值分析

以基于耕地数量及其空间配置的耕地保护生态价值为基数，采用耕地质量综合评价系数对其进行修正，同时，核减农业生产过程中农药、化肥过度使用、农膜残留及农业耗水等产生的负外部性价值后，得到 2000～2020 年流域耕地生态分项负向价值（表 5-5）及耕地生态负向价值与耕地生态价值（表 5-6）。

表 5-5　2000～2020 年流域耕地生态分项负向价值　单位：元/hm²

空间尺度	地区	2000 年			2010 年				2020 年			
		化肥	农药	农膜	化肥	农药	农膜	水资源	化肥	农药	农膜	水资源
区县尺度	铁西区	1239.44	240.74	2.69	2030.59	590.70	0.81	326.49	2148.16	126.92	0.65	414.71
	铁东区	1816.75	289.16	1.04	3192.03	220.10	5.03	326.49	1215.68	150.20	6.86	414.71
	梨树县	1379.65	74.15	4.22	2197.44	83.31	20.37	326.49	2894.71	130.08	7.13	414.71
	伊通县	1468.80	169.33	4.66	2052.72	270.59	8.55	326.49	2641.85	177.74	2.82	414.71
	公主岭市	1406.49	96.11	9.36	2182.16	181.09	27.24	326.49	3215.44	239.13	25.07	414.71
	双辽市	1337.36	71.90	1.21	1804.86	66.99	4.89	326.49	2056.52	103.28	2.64	414.71
	龙山区	1352.92	318.94	28.47	1200.86	191.03	7.42	478.26	1512.30	189.90	4.23	447.16
	西安区	1300.59	118.72	9.69	1985.80	233.57	10.18	478.26	1998.67	348.57	12.92	447.16
	东江县	1270.20	155.10	11.06	1649.58	161.45	10.10	478.26	1816.61	217.46	8.39	447.16
地市尺度	四平市	1399.68	99.62	5.35	2109.63	149.09	17.02	326.49	2709.39	166.73	10.68	414.71
	辽源市	1292.34	163.70	12.55	1629.80	168.87	9.87	478.26	1804.44	223.56	8.40	447.16
流域尺度	辽河流域	1388.11	106.53	6.00	2049.29	151.58	16.19	402.37	2593.85	173.98	10.42	430.94

表 5-6　2000～2020 年流域耕地生态负向价值及耕地生态价值

单位：元/hm²

空间尺度	地区	2000 年		2010 年		2020 年	
		负向价值总量	耕地生态价值	负向价值总量	耕地生态价值	负向价值总量	耕地生态价值
区县尺度	铁西区	1482.86	651.81	2948.58	3657.99	2690.44	8452.47
	铁东区	2106.96	393.28	3743.65	3532.12	1787.45	5882.19
	梨树县	1458.02	6774.14	2627.61	32148.12	3446.63	21604.75
	伊通县	1642.79	1543.72	2658.32	10714.27	3237.12	8190.56

空间尺度	地区	2000 年		2010 年		2020 年	
		负向价值总量	耕地生态价值	负向价值总量	耕地生态价值	负向价值总量	耕地生态价值
区县尺度	公主岭市	1511.95	5075.36	2716.97	23441.76	3894.35	19641.64
	双辽市	1410.47	1665.86	2203.24	15036.71	2577.16	14192.55
	龙山区	1700.33	210.01	1877.56	3459.32	2153.58	5142.33
	西安区	1429.00	229.58	2707.80	6330.86	2807.31	5245.51
	东辽县	1436.36	4519.44	2299.39	11709.96	2489.61	11741.13
地市尺度	四平市	1504.66	2668.28	2602.23	15827.43	3301.51	11457.74
	辽源市	1468.59	4072.19	2286.79	10101.46	2483.55	10878.77
流域尺度	辽河流域	1500.64	4215.11	2619.42	20422.98	3209.19	15998.08

根据流域耕地生态分项负向价值结果可知，2000～2020 年间，流域由于化肥过量使用产生的负向价值最大，分别为 1388.11 元/hm²、2049.29 元/hm² 和 2593.85 元/hm²。农药过量使用产生的负向价值分别为 106.53 元/hm²、151.58 元/hm² 和 173.98 元/hm²。相对来说，农膜残留产生的负向价值最小，分别为 6.00 元/hm²、16.19 元/hm² 和 10.42 元/hm²。2010 和 2020 年由于农业水资源消耗带来的负向价值分别为 402.37 元/hm² 和 430.94 元/hm²。

综合考虑耕地数量及空间配置、质量和生态负向价值，2000 年流域耕地生态价值为 4215.11 元/hm²，耕地发挥着较显著的生态功能。从地市尺度来看，辽源市耕地生态价值高于四平市，价值分别为 4072.19 元/hm² 和 2668.28 元/hm²。从各区县的结果来看，梨树县耕地生态价值最大，为 6774.14 元/hm²；其次是公主岭市，其值为 5075.36 元/hm²；东辽县耕地生态价值为 4519.44 元/hm²；而铁西区、铁东区、龙山区和西安区的耕地生态价值普遍较低，分别为 651.81 元/hm²、393.28 元/hm²、210.01 元/hm² 和 229.58 元/hm²；伊通县、双辽市的耕地生态价值分别为 1543.72 元/hm² 和 1665.86 元/hm²。总体来看，2000 年耕地生态价值可以划分为三个层级，梨树县、公主岭市和东辽县属于较高层级，伊通县和双辽市属于中间层级，而铁西区、铁东区、龙山区和西安区属于较低层级。各区县耕地生态价值差异较大，最大值梨树县的耕地生态价值相当于最小值龙山区的 30 倍。从空间分布来看，流域耕地生态价值整体北部高于南部区域，高值区主要集中在公主岭市与梨树县。

2000 年流域耕地生态负向价值为 1500.64 元/hm²，占流域耕地生态价值的 1/3 以上，其是耕地生态价值核算过程中不容忽视的一部分，化肥、农药及农膜的使用不仅带来耕地生产效益的增加，同样对生态环境造成严重的影响，由化肥过量使用产生的负向价值最大，化肥产生的负向价值占比高达 92.5%。四平市和辽源市耕地生态负向价值分别为 1504.66 元/hm² 和 1468.59 元/hm²。从各区县结果来看，铁东区生态负向价值最大，为 2106.96 元/hm²，其他各区县耕地生态负向价值介于 1410.47～1700.33 元/hm² 之间。

2010 年流域耕地生态价值为 20422.98 元/hm²。四平市耕地生态价值高于辽源市，其值分别为 15827.43 元/hm² 和 10101.46 元/hm²。从各区县结果来看，梨树县耕地生态价值最大，为 32148.12 元/hm²；其次是公主岭市，为 23441.76 元/hm²；铁西区、铁东区、龙山区和西安区的耕地生态价值较低，均在 6330.86 元/hm² 以下；伊通县、双辽市和东辽县耕地生态价值分别为 10714.27 元/hm²、15036.71 元/hm² 和 11709.96 元/hm²。其空间部分特征与 2000 年相似，梨树县和公主岭市的耕地生态价值始终位于第一梯队，伊通县、双辽市和东辽县属于第二梯队，而铁西区、铁东区、龙山区和西安区则属于第三梯队，整体流域中下游区域高于上游区域，北部高于南部区域。

2010 年流域耕地生态负向价值为 2619.42 元/hm²，其中化肥使用产生的负向价值占绝大部分，其值为 2049.29 元/hm²，占比为 78.23%，农药使用、农膜残留和水资源消耗产生的生态负向价值分别为 151.58 元/hm²、16.19 元/hm² 和 402.37 元/hm²。四平市和辽源市耕地生态负向价值分别为 2602.23 元/hm² 和 2286.79 元/hm²。从各区县的结果来看，铁东区耕地生态负向价值最大，为 3743.65 元/hm²；其次是铁西区，为 2948.58 元/hm²，主要是化肥使用量的增加，给耕地生态环境造成严重的影响，大大削弱了其耕地生态价值。其他区域耕地生态负向价值介于 1877.56～2716.97 元/hm² 之间，占耕地生态价值的比例均较大，是进行耕地生态价值核算过程中不可忽视的一部分。

耕地生态价值是耕地生态利用与保护所产生效益的综合反映，综合考虑耕地数量及空间配置、耕地质量差异及耕地生态负外部性。2020 年，流域耕地生态价值为 15998.08 元/hm²，生态效益显著，流域耕地不仅保障区域粮食安全，同样提供了重要的生态产品与服务，但由于耕地不友好的利用行为而带来的生态负面价值同样较大，流域耕地生态负面价值为 3209.19 元/hm²，占耕地生态价值总量的 20.06%。由于化肥的使用所产生的负向价值最大，为 2593.85 元/hm²，农业生产要素的过度投入势必会对耕地生态造成巨大压力，是耕地保护生态价值衡量及补偿标准测算过程中不可忽视的一部分。

从不同游段的耕地生态价值结果来看，流域上游区域（包括铁东区、伊通县、龙山区、西安区及东辽县）单位面积平均耕地生态价值为 8995.08 元/hm²，而中下游区域单位面积平均耕地生态价值为 18655.19 元/hm²，是上游的 2 倍以上。同时，结合流域不同游段耕地面积，流域中下游区域的耕地生态价值远超过上游区域。两区域占流域总生态价值的比例分别为 84％和 16％，这表明辽河中下游是耕地生态价值的主要贡献区域。

四平市耕地生态价值及生态负向价值高于辽源市，四平市耕地生态价值及负向价值分别为 11457.74 元/hm² 和 3301.51 元/hm²，辽源市耕地生态价值及负向价值分别为 10878.77 元/hm² 和 2483.55 元/hm²。各区县耕地生态价值及生态负向价值差异较大，其中，梨树县耕地生态价值最大，为 21604.75 元/hm²，生态负向价值为 3446.63 元/hm²，占耕地生态价值 15.95％，化肥引起的负向价值为 2894.71 元/hm²。其次是公主岭市，耕地生态价值为 19641.64 元/hm²，生态负向价值为 3894.35 元/hm²，其负向价值在各区县中位于首位。梨树县和公主岭市均为全国重要的商品粮基地，且经典的梨树模式在国内已得到高度的认可，耕地的保护性耕种行为对耕地生态价值具有显著的促进作用。耕地生态价值最小的为龙山区，为 5142.33 元/hm²；其次为西安区，为 5245.51 元/hm²。其他区域的耕地生态价值介于 5882.19～14192.55 元/hm² 之间。

总体来看，耕地生态价值受耕地数量及空间分布、质量差异及生态保护行为等多种因素的影响，流域耕地生态价值在不同区域之间分布不均衡，空间差异较大，整体西北区域的耕地生态价值高于东南区域，流域中下游是耕地生态价值的主要贡献区域。

根据耕地生态价值核算模型，在不考虑耕地景观空间配置差异，采用当量因子法计算耕地数量保护生态价值基础上，直接进行耕地质量修正，核减耕地生态负向价值，得到 2020 年流域耕地生态正向、负向及净价值（表 5-7）。

表 5-7　2020 年流域耕地生态正向、负向及净价值

空间尺度	地区	当量因子价值量/(元/hm²)	耕地质量修正系数	耕地生态正向价值/(元/hm²)	耕地生态负向价值/(元/hm²)	单位耕地生态净价值/(元/hm²)
区县尺度	铁西区	2228.88	0.9800	14219.83	2690.44	11529.39
	铁东区	2212.25	0.9172	13209.28	1787.45	11421.83
	梨树县	2720.33	1.0843	19202.24	3446.63	15755.61
	伊通县	2612.34	0.7224	12285.39	3237.12	9048.27
	公主岭市	2691.87	0.9478	16609.34	3894.35	12714.99
	双辽市	2443.36	0.8048	12801.37	2577.16	10224.21
	龙山区	1938.35	0.7793	9833.71	2153.58	7680.13
	西安区	1911.66	0.8200	10204.82	2807.31	7397.51
	东辽县	2208.51	1.0083	14496.74	2489.61	12007.13

空间尺度	地区	当量因子价值量/(元/hm²)	耕地质量修正系数	耕地生态正向价值/(元/hm²)	耕地生态负向价值/(元/hm²)	单位耕地生态净价值/(元/hm²)
地市尺度	四平市	2624.99	0.9169	15668.62	3301.51	12367.11
	辽源市	2183.21	0.9612	13661.25	2483.55	11177.7
流域尺度	辽河流域	2578.78	0.9219	15476.72	3209.19	12267.53

2020年，流域单位面积耕地生态净价值为12267.53元/hm²，生态价值总量为141.30亿元，其耕地生态服务功能显著。其中，耕地生态正向价值为15476.72元/hm²，由于农药化肥过度使用、农膜覆盖及农业耗水引起的流域耕地生态负向价值为3209.19元/hm²，占单位耕地生态净价值量的26.16%。其中，化肥过量使用引起的负向价值是耕地生态负向价值的主要来源，其占负向价值的比例均在70%以上。

从不同游段的耕地生态价值结果来看，流域上游区域的单位面积耕地生态净价值及生态负向价值分别为10294.58元/hm²和2752.38元/hm²，中下游区域的单位面积耕地生态净价值及生态负向价值分别为12975.77元/hm²和3392.97元/hm²。结合各区域耕地面积，流域中下游区域的耕地生态价值总量远高于上游区域，其占流域耕地总生态价值的比例分别为75%和25%，达到3∶1的比值。

从各区县的耕地生态价值结果来看，梨树县单位面积耕地生态价值最大，价值为15755.61元/hm²；其次为公主岭市，价值为12714.99元/hm²；单位面积耕地生态价值最小的是西安区，价值为7397.51元/hm²；其次为龙山区，价值为7680.13元/hm²。结合各区域耕地面积，公主岭市与梨树县的耕地生态价值总量占流域耕地生态价值总量的58.52%，梨树县与公主岭市仍然是耕地生态价值的主要贡献区。铁西区与铁东区耕地生态价值分别为11529.39元/hm²和11421.83元/hm²，伊通县、双辽市和东辽县的耕地生态价值分别为9048.27元/hm²、10224.21元/hm²和12007.13元/hm²。

通过对比可知，考虑耕地景观空间配置后，流域耕地生态价值的空间差异加大，铁西区、铁东区、伊通县、龙山区、西安区和东辽县耕地生态价值减少，梨树县、公主岭市和双辽市的耕地生态价值增加。其中，未考虑耕地景观空间配置差异，最大值梨树县的耕地生态价值是最小值西安区的2.13倍，考虑空间配置差异后最大值梨树县的耕地生态价值是最小值龙山区的4.20倍。

5.3 耕地生态价值变化趋势分析

根据流域多尺度耕地生态价值核算体系，对流域、地市和区县3个尺度的耕地生态价值进行计算。为消除价格变动对耕地生态价值可比性的影响，在计算不同时点实际耕地生态价值的基础上，使用 2020 年粮食价格为基准，计算 2000 年和 2010 年的可比耕地生态价值，并进行空间可视化处理，得到 2000～2020 年流域耕地生态价值对比（表 5-8）及流域耕地生态价值空间分布（图 5-1）。

表 5-8　2000～2020 年流域耕地生态价值对比　　单位：元/hm²

空间尺度	地区	2000 年		2010 年		2020 年
		耕地生态实际价值	耕地生态可比价值	耕地生态实际价值	耕地生态可比价值	耕地生态实际/可比价值
区县尺度	铁西区	651.81	2706.86	3657.99	3796.35	8452.47
	铁东区	393.28	2440.17	3532.12	3582.16	5882.19
	梨树县	6774.14	18218.33	32148.12	35067.66	21604.75
	伊通县	1543.72	5062.38	10714.27	11680.64	8190.56
	公主岭市	5075.36	13814.78	23441.76	25484.23	19641.64
	双辽市	1665.86	5213.31	15036.71	17002.66	14192.55
	龙山区	210.01	1822.34	3459.32	3767.29	5142.33
	西安区	229.58	2006.87	6330.86	6949.36	5245.51
	东辽县	4519.44	12384.33	11709.96	12656.14	11741.13
地市尺度	四平市	2668.28	7771.73	15827.43	17290.86	11457.74
	辽源市	4072.19	11283.33	10101.46	10928.94	10878.77
流域尺度	辽河流域	4215.11	11706.88	20422.98	22359.65	15998.08

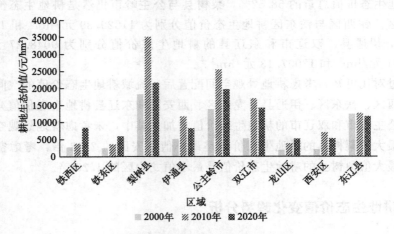

图 5-1　流域耕地生态价值空间分布

综合耕地数量及空间分布、耕地质量差异及耕地生态负外部性，可以满足流域多尺度耕地生态价值核算的要求。

结果表明，2000～2020年，流域的耕地生态服务价值先增加后减少，整体呈增长趋势，从2000年的11706.88元/hm² 增长至2020年的15998.08元/hm²，耕地生态服务价值逐渐显现。2010年耕地生态价值达到峰值，为22359.65元/hm²，主要受粮食单产等影响。2010年流域粮食作物的平均单产达9951.03kg/hm²，明显高于2000年和2020年，是其耕地生态价值达到峰值的主要原因。在地市尺度，四平市耕地生态服务价值先增加后减少，2010年达到峰值，为17290.86元/hm²。辽源市耕地生态服务价值有小幅度减少，2000年11283.33元/hm² 减少到2020年10878.77元/hm²。在区县尺度，耕地生态价值呈波动变化特征，除东辽县耕地生态价值有小幅度减少外，其他各县区的耕地生态价值均有所增加。铁西区、铁东区和龙山区在逐年增加，梨树县、伊通县、公主岭市、双辽市和西安区的耕地生态价值先增加后减少，整体呈增长趋势。证明在生态文明改革的背景下，人们对耕地生态问题越来越重视，耕地生态价值也在稳步提升。其中，双辽市的增加值最大，增加值为8979.23元/hm²；其次为公主岭市，增加值为5826.86元/hm²。总体而言，流域耕地生态保护绩效较为显著。流域耕地生态保护不仅保障了区域的粮食安全，维持区域社会稳定，且提供了丰富的生态产品与服务。

2000～2020年，梨树县和公主岭市的生态服务价值均最大。梨树县作为全国粮食生产先进县、国家重点商品粮基地县，农业基础雄厚。梨树县地处世界著名的黄金玉米带，常年粮食总产量稳定在40亿千克以上阶段性水平，其秸秆还田加免耕播种的梨树模式得到全国的推广，坚持在保护中利用、在利用中保护，严格落实耕地和黑土地保护相关责任。公主岭市同样为全国重要的商品粮基地，证明其保护性的耕作方式对于提高耕地生态价值具有重要的意义。伊通县、双辽市和东辽县耕地生态价值位于中值区。相比之下，龙山区、西安区、铁西区和铁东区的耕地生态价值普遍偏低。根据吉林省主体功能区规划，铁西区、铁东区、龙山区和西安区均属于省级层面的重点开发区，代表全省产业集聚和升级并支撑全省经济增长的重要区域，促进区域协调发展的重要支撑区域，全省人口和经济活动密集区。除以上四区，流域范围内其他区域的主体功能定位均是农产品主产区，保障农产品供给安全的重要区域，全省重要的商品粮基地，耕地生态价值的体现与其主体功能定位相吻合。总体来看，流域内耕地生态价值在不同游段和区域之间呈不均衡分布，整体而言，北部高于南部区域，呈现显著的空间异质性。

依据耕地生态价值核算体系，应从耕地数量、质量及生态等多方面提高其价值。耕地数量及空间分布决定着耕地生态价值的总量，应坚决维护耕地红线及永久基本农田保护线，遏制耕地的非农化及非粮化，严格控制非农用地占用优质耕地，防止占优补劣等现象，通过土地开发整理、土地复垦等多种途径扩大耕地数量，增加耕地后备资源的比例。同时，采取多种措施提高耕地质量等别，通过集中连片开展田块整治、土壤改良、配套设施建设等措施，完善农田的基础设施建设，改善农业生产条件，增强农田防灾抗灾能力，解决耕地碎片化、质量下降、设施不配套等问题，建设高标准农田，提升耕地生产能力。

针对耕地生态负外部性等问题，应最大限度降低耕地生态负外部性价值，合理减少农药、化肥等化学品的使用。2021年，流域化肥使用量48万吨，农药使用量6475.32t，其产生的生态负向价值占比较大，应增施有机肥，推广农业绿色生产方式，同时，针对农业耗水问题，引入高效节水农业生产技术，提高水资源利用率等。受相关数据获取及价值量化方法等限制，本书在耕地生态价值核算中未能将耕地水土流失而带来的生态负向价值进行核减，但水土流失治理对于维护流域及黑土地的生态安全、粮食安全等具有重要意义。2023年，流域水土流失面积占国土面积的比例为27%，以水力侵蚀为主，水力侵蚀占比为85%，风力侵蚀的占比为15%。

针对以上问题，治理方式可采用相应的林草措施、水土保持耕作措施及工程措施等。根据水土流失形式、强度的不同，在适地适树基础上安排水土保持林、农田防护林等建设；通过耕作改变坡耕地的微地形，采取轮作、间作等增加地面覆被，因地制宜开展秸秆粉碎深翻还田、秸秆免耕覆盖还田等保持土壤水分，防治土壤风蚀水蚀；加强梯田工程、固沙工程及侵蚀沟治理工程等建设。

第**6**章

流域耕地生态价值影响因素分析

6.1 耕地生态价值影响因素选取

开展耕地生态价值影响因素分析具有重要的理论和实践必要性。从理论层面看，耕地作为复合生态系统，其生态价值受到自然条件、利用方式、政策干预等多维度因素的动态影响，亟需构建系统化的分析框架以揭示各要素的作用机理与耦合关系。从实践层面而言，识别关键影响因素能为国土空间规划、生态补偿标准制定、耕地保护红线划定等政策提供科学依据，助力破解耕地保护与经济发展的矛盾。

由于耕地生态产品的非竞争性与非排他性，相关供给主体得到耕地生产食物和生产原材料的市场价值时，未能得到其充分的剩余价值，如耕地在发挥调节服务、支持服务、文化服务等方面产生的非市场价值等。农民作为耕地的直接利用者，基于经济理性思维，其为了获取最大的经济利益，出现了掠夺性、违规利用耕地行为的理性选择，出现农药、化肥等化学制品过量使用的现象，以提高耕地的经济产出效益，从而导致耕地生态负外部性，该行为严重阻碍了耕地生态的有效供给，降低耕地的生态价值。如何实现耕地生态的完全价值，使供给主体获得充分的剩余价值，是激发耕地生态产品有效供给，提高耕地生态服务价值的内生动力。

在耕地生态价值实现的内生动力驱使下，当耕地利用者得到充分的利益回报时，会驱动其产生特定的行为，推动耕地生态价值的提升。根据耕地生态价值核算体系，耕地生态服务价值受区域耕地正向生态服务价值及耕地负向生态服务价值的影响。耕地正向生态价值的提升主要依赖于耕地规模、数量，提升粮食生产能力等，而耕地负向价值的减少则在于耕地的绿色化经营，减少耕地利用过程中的生态破坏行为，如农药、化肥等过量使用。农药、化肥的使用在提升粮食生产能力的同时，也导致了严重的生态环境问题，如温室气体的排放、土壤重金属污染、水资源污染。因此，在实现耕地生态价值的内生动力驱使下，耕地利用者主要通过扩大耕地规模、提升粮食产能来实现其正向价值的提升，同时，通过提高农业绿色化的生产水平，降低其负向价值。耕地生态价值影响因素选取思路见图 6-1。

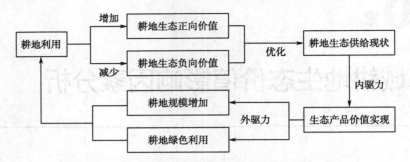

图 6-1　耕地生态价值影响因素选取思路

鉴于此，从提升耕地生态价值的内驱力与外驱力，选取相关驱动因子，明确不同驱动因子对吉林省辽河流域耕地生态价值的作用大小及强度。在此基础上，提出适宜该流域的耕地生态价值提升路径。针对内驱力，由于流域目前并未实行严格的耕地生态价值实现制度，因此，选取农业产值、农民人均收入来考察经济因素对耕地生态价值的影响，针对外驱力，选取耕地面积、粮食单产表征其对耕地生态正向价值的影响，选取农药使用量、化肥使用量及农膜覆盖面积表征其对耕地生态负向价值的影响（表 6-1）。

表 6-1　耕地生态价值影响因素选取

项目	内外驱动力	分项	指标	单位
耕地生态价值影响因素	内驱力	生态价值实现机制	农业产值	万元
			农民人均收入	元/人
	外驱力	正向价值	耕地面积	hm²
			粮食单产	kg/hm²
		负向价值	农药使用量	t
			化肥使用量	t
			农膜覆盖面积	hm²

6.2　灰色关联度模型

邓聚龙教授于 1982 年创立的灰色系统理论是一种研究贫信息不确定性问题的新方法。灰色系统理论以部分信息已知，部分信息未知的贫信息不确定性系统为研究对象，主要通过对部分已知信息的挖掘，提取有价值的信息，实现对系统运行行为、演化规律的正确描述，从而使人们能够运用数学模型实现对贫信息不确定性系统的分析、评价、预测、决策和优化控制。现实世界中普遍存在的贫信息不确定性系统，为灰色系统理论提供了丰富的研究资源和广阔的发展空间。

灰色关联度分析（grey relation analysis，GRA）是考察观测因素之间关联程度的一种方法，该方法的主要思想是基于比较序列所构成的二维图形形状之间的相似程度，判断因素之间联系的紧密性，进而结合因素间紧密性，得出推动系统演化的核心要素。序列曲线的相似性越高，相应的关联度也就越大，该因素则越能推动系统演化。反之，关联度越小，该因素则在系统演变中所发挥的作用有限。简单来讲，就是在一个灰色系统中，想要了解所关注的某个指标项目受其他因素影响程度的相对强弱，可以对这些影响因素进行排序，得到分析结果，便可得到所关注的这个指标与哪些因素更相关，进而有效地调整系统的运行。

数理统计中的回归分析、方差分析、主成分分析等都是用来进行系统分析的方法，但存在局限性：要求有大量数据和要求样本服从某个典型的概率分布，要求各因素数据与系统特征数据之间呈线性关系且各因素之间彼此无关。而灰色关联分析的方法可以有效弥补上述方法的局限性。灰色关联度分析基本计算步骤如下。

（1）第一步：确定分析数列

确定反映系统行为特征的参考数列和影响系统行为的比较数列。反映系统行为特征的数据序列，称为参考数列。影响系统行为的因素组成的数据序列，称比较数列。将根据耕地生态价值核算体系得到的耕地生态服务价值作为参考序列，结合耕地生态价值驱动因子，将农业产值、农民人均收入、耕地面积、粮食单产、农药使用量、化肥使用量及农膜覆盖面积作为比较序列。

设定比较序列为：

$$
\begin{bmatrix} X'_1 & X'_2 & \cdots & X'_n \end{bmatrix} = \begin{bmatrix} x'_1(1) & x'_2(1) & \cdots & x'_n(1) \\ x'_1(2) & x'_2(2) & \cdots & x'_n(2) \\ \vdots & \vdots & & \vdots \\ x'_1(m) & x'_2(m) & \cdots & x'_n(m) \end{bmatrix} \tag{6-1}
$$

参考序列为：

$$
X'_0 = \begin{bmatrix} x'_0(1), & x'_0(2), & \cdots, & x'_0(m) \end{bmatrix}^{\mathrm{T}} \tag{6-2}
$$

（2）第二步：对指标数据进行量纲统一化

为了真实地反映实际情况，排除由于各个指标单位的不同及其数值数量级间的悬殊差别带来的影响，避免不合理现象的发生，需要对指标进行量纲统一化处理。采用均值化处理来进行量纲统一化。

（3）第三步：计算关联系数

由下式分别计算每个比较序列与参考序列对应元素的关联系数。

$$\gamma[x_0(k), x_i(k)] = \frac{\Delta_{\min} + \rho\Delta_{\max}}{\Delta_{ik} + \rho\Delta_{\max}} \qquad (6-3)$$

$$\Delta_{\min} = \min_i \min_k |x_0(k) - x_i(k)| \qquad (6-4)$$

$$\Delta_{\max} = \max_i \max_k |x_0(k) - x_i(k)| \qquad (6-5)$$

$$\Delta_{ik} = |x_0(k) - x_i(k)| \qquad (6-6)$$

式中　γ——关联系数；

$x_0(k)$——参考数列；

$x_i(k)$——比较数列；

$\Delta_{\min}$——两级最小值；

$\Delta_{\max}$——两级最大值；

Δ_{ik}——序列 $x_0(k)$ 与序列 $x_i(k)$ 在 k 点的绝对值；

ρ——分辨系数。

ρ 越小，分辨力越大，一般 ρ 的取值区间为（0，1），具体取值可视情况而定。当 $\rho \leqslant 0.5463$ 时，分辨力最好，通常取 $\rho = 0.5$。

(4) 第四步：计算关联度

因为关联系数是比较数列与参考数列在各个时刻（即曲线中的各点）的关联程度值，所以它的数不止一个，而信息过于分散不便于进行整体性比较。因此有必要将各个时刻（即曲线中的各点）的关联系数集中为一个值，即求其平均值，作为比较数列与参考数列间关联程度的数量表示，关联度 r_{0i} 公式如下：

$$r_{0i} = \frac{1}{m}\sum_{k=1}^{m} W_k \zeta_i(k) \qquad (6-7)$$

式中　r_{0i}——关联度；

m——数据点数量，个；

W_k——权重系数；

$\zeta_i(k)$——关联系数。

(5) 第五步：关联度排序

关联度按大小排序，如果 $r_1 < r_2$，则参考数列 y 与比较数列 x_2 更相似。根据灰色加权关联度的大小，建立各评价对象的关联序。关联度越大，表明评价对象对评价标准的重要程度越大。

6.3　关键性影响因素识别

6.3.1　流域耕地生态价值影响因子

关联度表示各评价项与参考值（母序列）之间的相似关联程度，由关联系数进行计算平均值得出。关联度值介于 0～1 之间，该值越大表示评价项与参考值

（母序列）相关性越强。关联度越高，意味着评价项与参考值（母序列）之间关系越紧密，因而其评价越高。结合关联度值，针对所有评价项进行排序，对各评价项排名，得到 2000～2020 年流域耕地生态价值与相关因素的灰色关联度（表 6-2）。

表 6-2　2000～2020 年流域耕地生态价值与相关因素的灰色关联度

参考值	排名	2000 年		2010 年		2020 年	
		评价项	关联度	评价项	关联度	评价项	关联度
耕地生态服务价值	1	农业产值	0.839	耕地面积	0.814	耕地面积	0.841
	2	粮食单产	0.823	农业产值	0.811	粮食单产	0.835
	3	耕地面积	0.763	粮食单产	0.77	农民人均收入	0.827
	4	农药使用量	0.762	化肥使用量	0.768	农业产值	0.82
	5	化肥使用量	0.761	农膜覆盖面积	0.76	农药使用量	0.81
	6	农膜覆盖面积	0.739	农药使用量	0.738	化肥使用量	0.805
	7	农民人均收入	0.579	农民人均收入	0.704	农膜覆盖面积	0.762

2000 年，农业产值与耕地生态价值的关联度为 0.839，粮食单产与耕地生态价值的关联度为 0.823，耕地面积与耕地生态价值的关联度为 0.763，农药使用量与耕地生态价值的关联度为 0.762，化肥使用量与耕地生态价值的关联度为 0.761，农膜覆盖面积与耕地生态价值的关联度为 0.739，农民人均收入与耕地生态价值的关联度为 0.579，其中与耕地生态价值关联度最大的是农业产值，与耕地生态价值关联度最小的是农民人均收入。排序依次为：农业产值＞粮食单产＞耕地面积＞农药使用量＞化肥使用量＞农膜覆盖面积＞农民人均收入。

从经济因素对耕地生态价值的影响来看，出现两极分化的现状，农业产值对耕地生态价值的影响最大，而农民人均收入对耕地生态价值的影响最小。2000 年梨树县、公主岭市和东辽县的农业产值较大，分别为 12.47 亿元、17.81 亿元和 10.49 亿元。同时，耕地生态价值均较大，分别为 6774.15 元/hm²、5075.36 元/hm² 和 4519.44 元/hm²，农业产值的水平与耕地生态价值存在趋同的现象，因此其关联程度最大，证明农业产值较大的区域，其对于耕地利用的投入也较大，农业机械化水平较高，农业基础设施建设较完善，导致其耕地生态价值的提升。2000 年铁西区的农民人均收入为 2988 元/人，铁东区的农民人均收入为 2667 元/人，公主岭市的农民人均收入为 2620 元/人，其他各区县的农民收入均低于 2600 元/人，由于其农民人均收入较低，因此对耕地生态价值的影响最小。

粮食单产和耕地面积对耕地生态价值的影响较大，排名为第 2 和第 3。耕地面积是耕地发挥生态价值的基础，其数量增加，必然会带来生态价值的增长，而粮食单产反映了耕地中作物的产出能力，其生产能力的提高，对于耕地生态价值将产生一定的促进作用。

农药使用量、化肥使用量及农膜覆盖面积对耕地生态价值的影响相对较弱，农药、化肥等化学制品的使用对耕地生态价值来说具有双向的影响。为提高耕地生态价值，应严格控制其使用量，适量使用会提高耕地的生产能力，培肥地力，但目前针对农药、化肥的利用并没有严格的限制，其实际的利用效率较低，因此由于农药、化肥等利用带来的水体污染、土壤板结等耕地生态负向价值仍然较大。同时，农药、化肥、农膜覆盖面积的量都在逐年增加，其对耕地生态价值的影响不容忽视。2000 年流域农药使用量为 3518t，化肥使用量为 493764t，农膜的覆盖面积为 14517.89hm^2。其中，公主岭市的农药、化肥使用量及农膜覆盖面积在流域范围内均为最大值，分别为 1026t、161738t 和 7011.83hm^2，其次是梨树县，农药、化肥使用量及农膜覆盖面积分别为 671t、134484t 和 2700.43hm^2，公主岭市和梨树县是流域范围内耕地面积基数最大的区域，其耕地面积占流域耕地面积的 60%，因此是农业生产要素最密集的区域。

根据 2010 年流域耕地生态价值与各驱动因子的关联度及排序可知，耕地面积与耕地生态价值的关联度为 0.814，农业产值与耕地生态价值的关联度为 0.811，粮食单产与耕地生态价值的关联度为 0.77，化肥使用量与耕地生态价值的关联度为 0.768，农膜覆盖面积与耕地生态价值的关联度为 0.76，农药使用量与耕地生态价值的关联度为 0.738，农民人均收入与耕地生态价值的关联度为 0.704，其中与耕地生态价值关联度最大的是耕地面积，与耕地生态价值关联度最小的是农民人均收入。排序依次为耕地面积＞农业产值＞粮食单产＞化肥使用量＞农膜覆盖面积＞农药使用量＞农民人均收入。

影响 2010 年耕地生态价值的核心因素为耕地面积、农业产值和粮食单产，化肥使用量、农膜覆盖面积及农药使用量对耕地生态价值的影响次之，农民人均收入对耕地生态价值的影响最小。耕地所发挥生态价值的前提是有一定数量的耕地，因此，耕地面积是耕地发挥生态价值的核心因素，耕地面积基数越大，耕地生态价值越大。粮食单产对耕地生态价值的影响也较大，粮食单产代表耕地的产出能力，耕地产出能力直接影响其生产原材料和生产食物的经济价值，粮食单产的增加将直接导致耕地生态价值的增长。其次是农业产值，农业产值的提高意味着农业资本投入的增长，耕地的集中连片化经营、农业基础设施的完善，对耕地生态价值都将产生积极的影响。

化肥使用量、农膜覆盖面积及农药使用量与耕地生态价值的关联度相对较弱。化肥、农药及农膜的使用，一方面将提高粮食的生产能力，另一方面其过量使用会使耕地生态产生负外部性，削弱耕地生态价值。即使产生的耕地生态负向价值占耕地生态价值的比例较小，但由于其使用导致的土壤污染、水体富营养化、土壤板结的生态环境问题日益严重，因此是不容忽视的问题。2010 年农民人均可支配收入仍然较低，农民的生态意识薄弱，对耕地资源的生态保护能力较差，对耕地生态价值的影响因素较低。

根据 2020 年流域耕地生态价值与各驱动因子的关联度及排序可知，耕地面积与耕地生态价值的关联度为 0.841，粮食单产与耕地生态价值的关联度为 0.835，农民人均收入与耕地生态价值的关联度为 0.827，农业产值与耕地生态价值的关联度为 0.82，农药使用量与耕地生态价值的关联度为 0.81，化肥使用量与耕地生态价值的关联度为 0.805，农膜覆盖面积与耕地生态价值的关联度为 0.762，其中与耕地生态价值关联度最大的是耕地面积，与耕地生态价值关联度最小的是农膜覆盖面积。排序依次为耕地面积＞粮食单产＞农民人均收入＞农业产值＞农药使用量＞化肥使用量＞农膜覆盖面积。

耕地面积和粮食单产是影响 2020 年流域耕地生态价值的核心因素，农民人均收入和农业产值次之，而耕地的负外部性因素对耕地生态价值的影响最弱。证明耕地的数量底线是维护耕地生态价值总量的关键所在，根据耕地生态价值核算体系，耕地数量、粮食单产等是计算耕地生态价值的本底，耕地面积及粮食单产的增加将直接对耕地生态价值产生促进作用。耕地面积的增加是耕地生态价值增长的直接来源，为维护耕地生态功能，应坚决维护耕地数量底线，提高耕地质量及生产能力。2020，流域粮食单产达 7671.07kg/hm^2，粮食的产出能力是耕地数量、质量功能的综合反映。

农业经济因素对耕地生态服务价值的影响仅次于耕地规模及粮食单产，农业产值和农民人均收入的增长代表了农民生活水平的提高，是社会经济不断发展的结果。农民生活水平的提高会增加其生态环保意识，同时会增加农业的现代化投入，农业基础设施、灌排设施的建设等会增加粮食的产量，对耕地生态价值将起到一定的促进作用。但从关联度结果来看，农业经济因素不是影响耕地生态价值的首要因素，也侧面反映了目前流域耕地生态价值的实现机制还不完善。耕地生态补偿将有助于其生态价值的实现，农民目前的农业补贴多是对耕地发展成本的补贴，而没有针对耕地的生态功能进行补贴，因此，农民对于耕地生态问题的意识薄弱，完善耕地生态补偿制度，使农民加强耕地的生态保护，避免对耕地的掠夺性耕种，将有助于耕地生态价值的提高。

农药、化肥产生的负外部性对耕地生态价值的影响最弱，但在耕地生态价值核算过程中，仍然不可忽视，农药和化肥使用量的关联度仍然在 0.8 以上，合理减少耕地生态负外部性将有助于耕地生态价值的提升。农药、化肥及塑料农膜的使用一方面可以代表农业现代化进程的加快，随着相关农业技术的运用，提高了耕地利用的管理和技术水平，在一定程度上提高了粮食的产量，对于耕地生态价值的提升有一定促进作用；另一方面，随着农业生产资料的过度投入，农药、化肥等利用率仍然较低，未被利用的化学制品对土壤、水资源等产生不可逆转的伤害，塑料薄膜的残留对于土壤等造成严重的污染，将产生耕地生态的负向价值，从而削弱耕地生态服务价值。在农业生产过程中，耕地的直接利用者受利益的驱使，往往只追求表面的经济效益增长，而忽视了其对生态环境的影响，因此，提高耕地利用者的生态意识非常重要。

6.3.2 各区域耕地生态价值影响因子

根据 2000 年各区域耕地生态价值与相关因素的灰色关联系数（表 6-3）可知，流域耕地生态价值的影响差异显著。

表 6-3　2000 年各区域耕地生态价值与相关因素的灰色关联系数

地区	农业产值	农民人均收入	化肥使用量	农药使用量	农膜覆盖面积	粮食单产	耕地面积
铁西区	0.8420	0.5432	0.8364	0.8991	0.8375	0.8185	0.8410
铁东区	0.9447	0.5483	0.9734	0.9137	0.8818	0.9511	0.9469
梨树县	0.5847	0.3719	0.7139	0.4826	0.4737	0.9101	0.7210
伊通县	0.8042	0.7877	0.6594	0.4805	0.8439	0.6318	0.6874
公主岭市	0.5648	0.4967	0.5855	0.7079	0.3348	0.6780	0.5978
双辽市	0.9802	0.7985	0.6623	0.8613	0.7962	0.9219	0.6434
龙山区	0.9476	0.5772	0.9727	0.9385	0.8753	0.9499	0.9739
西安区	1.0000	0.5797	0.9462	0.9397	0.9760	0.9264	0.9378
东辽县	0.8792	0.5116	0.4969	0.6368	0.6325	0.6154	0.5146

2000 年各区域耕地生态价值与相关因素的灰色关联系数分布见图 6-2。

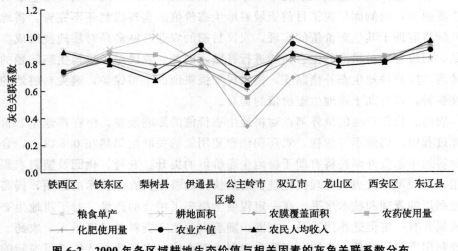

图 6-2　2000 年各区域耕地生态价值与相关因素的灰色关联系数分布

从各区域耕地生态价值的核心影响因素来看，铁西区耕地生态价值主要受农业产值和农药使用量的影响，受农民人均收入的影响较弱；铁东区主要受化肥使用量和粮食单产的影响，受农民人均收入的影响较弱；梨树县主要受粮食单产和耕地面积的影响，受农民人均收入和农膜覆盖面积的影响较小；伊通县主要受农业产值和农膜覆盖面积的影响，受农药使用量的影响较小；公主岭市主要受粮食单产和农药使用量的影响，受农民人均收入和农膜覆盖面积的影响较小；双辽市主要受农业产值和粮食单产的影响，受耕地面积和化肥使用量的影响较小；龙山区主要受化肥使用量和耕地面积的影响，受农民人均收入的影响较小；西安区主要受农业产值和农膜覆盖面积的影响，受农民人均收入的影响较小；东辽县主要受农业产值和农药使用量的影响，受农民人均收入和化肥使用量的影响较小。

从 2010 年各区域的耕地生态价值与相关因素的灰色关联系数（表 6-4）可知，流域耕地生态价值的影响因素差异显著。

表 6-4　2010 年各区域耕地生态价值与相关因素的灰色关联系数

地区	农业产值	农民人均收入	农药使用量	农膜覆盖面积	化肥使用量	耕地面积	粮食单产
铁西区	0.8548	0.5911	0.9713	0.8099	0.8403	0.8538	0.7744
铁东区	0.8675	0.6091	0.9264	0.8422	0.9251	0.8867	0.5977
梨树县	0.8058	0.4258	0.4634	0.9175	0.5744	0.7496	0.5124
伊通县	0.9614	0.9443	0.5239	0.8042	0.7748	0.8404	0.7409
公主岭市	0.5546	0.5693	0.4628	0.3345	0.6581	0.5836	0.7907
双辽市	0.9857	0.8230	0.6889	0.6342	0.7143	0.8025	0.8579
龙山区	0.8366	0.6431	0.8924	0.8566	0.8814	0.8748	0.8426
西安区	0.7160	0.7346	0.7519	0.7315	0.7262	0.7338	0.9575
东辽县	0.7200	0.9990	0.9578	0.9112	0.8174	1.0000	0.8569

2010 年各区域耕地生态价值与相关因素的灰色关联系数分布见图 6-3。

从各区域耕地生态价值的核心影响因素来看，农业产值和农药使用量对铁西区耕地生态价值影响较大，农民人均收入对其影响较小；铁东区主要受化肥使用量和农药使用量的影响，受农民人均收入的影响较弱；梨树县主要受农业产值和农膜覆盖面积的影响，受农民人均收入和农药使用量的影响较弱，伊通县主要受农业产值和农民人均收入的影响，受农药使用量的影响较弱；公主岭市主要受粮食单产和化肥使用量的影响，受农药使用量和农膜覆盖面积的影响较弱；双辽市主要受农业产值和粮食单产的影响，受农药使用量和农膜覆盖面积的影响较弱；龙山区主要受化肥使用量和农药使用量的影响，受农民人均收入的影响较弱；西

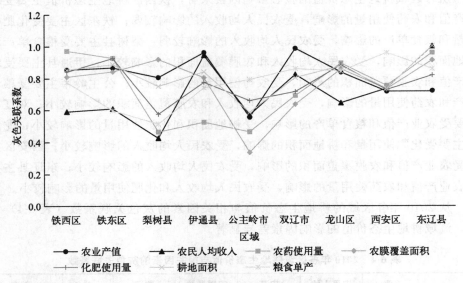

图 6-3　2010 年各区域耕地生态价值与相关因素的灰色关联系数分布

安区主要受粮食单产和农药使用量的影响，受农业产值和化肥使用量的影响较弱；东辽县主要受农民人均收入和耕地面积的影响，受农业产值的影响较弱。

从 2020 年各区域的耕地生态价值与相关因素的灰色关联系数（表 6-5）可知，驱动因素对流域各区域耕地生态价值的影响存在明显的差异。

表 6-5　2020 年各区域耕地生态价值与相关因素的灰色关联系数

地区	粮食单产	耕地面积	农膜覆盖面积	农药使用量	化肥使用量	农业产值	农民人均收入
铁西区	0.8993	0.7409	0.7180	0.7353	0.7380	0.7424	0.8851
铁东区	0.8150	0.9056	0.8691	0.8847	0.8366	0.8256	0.7979
梨树县	0.7072	1.0000	0.7887	0.8661	0.7965	0.7494	0.6790
伊通县	0.8344	0.7999	0.8301	0.7735	0.7747	0.9350	0.9069
公主岭市	0.7612	0.6831	0.3368	0.5498	0.6079	0.6423	0.7345
双辽市	0.8738	0.8276	0.6965	0.8530	0.9953	0.9458	0.8750
龙山区	0.8380	0.8386	0.8251	0.8439	0.8270	0.8213	0.7829
西安区	0.8418	0.8293	0.8475	0.8586	0.8249	0.8159	0.8097
东辽县	0.9462	0.9435	0.9478	0.9212	0.8444	0.9026	0.9699

　　2020 年各区域耕地生态价值与相关因素的灰色关联系数分布见图 6-4。

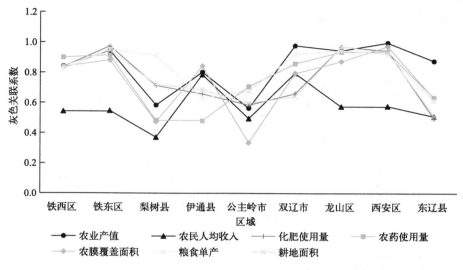

图 6-4　2020 年各区域耕地生态价值与相关因素的灰色关联系数分布

从各区域耕地生态价值的核心影响因素来看，铁西区耕地生态价值主要受粮食单产和农民人均收入的影响，受农膜覆盖面积的影响较弱；铁东区主要受耕地面积和农药使用量的影响，受农民人均收入的影响较弱；梨树县主要受耕地面积和农药使用量的影响，受农民人均收入的影响较弱；伊通县主要受农业产值和农民人均收入的影响，受农药使用量和化肥使用量的影响较弱；公主岭市主要受粮食单产和农民人均收入的影响，受农膜覆盖面积和农药使用量的影响较弱；双辽市主要受农业产值和化肥使用量的影响，受农膜覆盖面积的影响较弱；龙山区主要受耕地面积和农药使用量的影响，受农民人均收入的影响较弱；西安区主要受农膜覆盖面积和农药使用量的影响，受农民人均收入的影响较弱；东辽县主要受农民人均收入和农膜覆盖面积的影响，受化肥使用量的影响较弱。

6.4　耕地生态价值提升路径分析

通过对耕地生态价值的影响因素分析，可以发现耕地生态价值的提高主要有两个方面的路径：一是通过耕地生态价值实现激发耕地利用主体的内驱力；二是在内驱力驱使下提高耕地生态正向价值，减少耕地生态负向价值，提高耕地生态价值的生产规模和效率，最终实现耕地生态价值的提高。

耕地生态价值的实现机制主要通过完善耕地生态补偿机制、提升耕地生态产品的产业化和健全相关产权及指标交易市场等手段，耕地生态正向价值的提升主要通过严守耕地红线、完善耕地占补平衡制度、遏制耕地非农化及非粮化、加强黑土地保护、补充耕地后备资源等措施，耕地生态负向价值的减少主要通过减少化学制品的使用、节水灌溉、推广绿色化经营理念等（图6-5）。

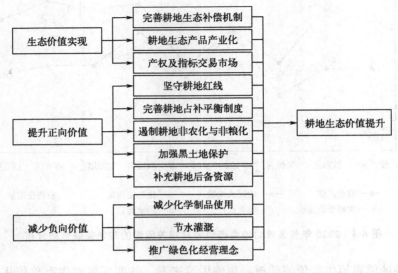

图 6-5　耕地生态价值提升路径

6.4.1　健全耕地生态价值实现机制

　　生态产品价值实现是指生态产品使用者和提供者之间以产生期望的生态产品为目标，以自然资源管理协议为条件，以市场化或非市场化方式为手段的自愿交易的制度安排。目前针对耕地生态价值实现尚缺乏相应的制度设计与安排。因此，首先应从顶层层面出台关于耕地生态价值实现的相应法律法规，对耕地生态产品的认证、范围、交易等进行规定。

　　（1）完善耕地生态补偿机制

　　耕地生态补偿作为耕地生态价值实现的重要途径，目前尚处于探索阶段。耕地生态补偿机制的建立应包含耕地生态补偿标准测算、耕地生态补偿主体界定、耕地生态补偿方式、耕地生态补偿资金来源、耕地生态补偿保证措施等方面。加快建立耕地生态补偿标准测算体系，增加其补偿标准的科学性和实用性，对耕地生态受偿区及支付区进行明确划分。创新耕地生态补偿方式，具体可采用资金补偿、项目扶持、税收优惠、技术支持等形式，提高补偿的操作性。多元化耕地生态补偿的资金来源，对资金使用去向进行预算管理，从加快生态补偿立法、建立预警机制等方面完善其保障措施。

　　（2）提升耕地生态产品的产业化

　　结合产业用地政策、绿色标识等政策工具，发挥生态优势和资源优势，推进生态产业化和产业生态化，以可持续的方式经营开发生态产品，将生态产品的价值附着于农产品的价值中，并转化为可以直接市场交易的商品，是市场化的价值实现路径。具体可以通过信息技术与手段，进行农产品生态信息的认证、溯源，打造农产品的绿色品牌标识，除实体批发与零售外，进行网络直播销售，延长产业链条，实现与消费市场的有效对接，提高耕地生态价值的实现深度。

（3）健全相关产权及指标交易市场

以政府为主导的补偿路径难以全面地实现耕地生态价值，因此，应充分借助市场化的路径。由于耕地生态服务的非排他性和非竞争性，导致其市场交易标的缺失，阻碍市场机制的发挥，健全交易市场路径对于提升耕地生态价值的实现效率具有重要的意义。首先，在当前"双碳"理论的背景下，应基于耕地的固氮释氧功能，积极对接碳交易市场，实现其部分生态价值。其次，可以对接水权交易、排污权等，具有碳交易、排污权等需求的用户可以通过缴纳相应资金购买指标，依据耕地生态产品价值占指标交易中所占的份额，提取相应的资金用于耕地生态价值的实现。

6.4.2 提升耕地生态服务正向价值

（1）坚守耕地红线

根据耕地生态价值的影响因素可知，耕地数量是维持耕地生态价值总量的基础。因此，首先应严守耕地红线，落实耕地保护的目标，落实"长牙齿"的耕地保护硬措施，将耕地和永久基本农田保护置于首要位置。通过国土空间规划，将耕地保护任务足额下达至各区县（市），作为规划期内必须坚守的耕地保护底线；对于非农建设需占用耕地的，严格执行耕地占补平衡制度，确保耕地总量不减少。

在此基础上，针对耕地保护的责任目标制度应逐步完善，建立耕地保护和粮食安全责任考核办法，对耕地数量、永久基本农田保护、耕地占补平衡制度及违规占用耕地等情况进行严格的考核，签订耕地保护和粮食安全责任书，实行耕地保护"党政同责、终身追责"的制度。

（2）完善耕地占补平衡制度

耕地占补平衡政策对有效弥补非农建设占用耕地损失，守住耕地保护红线发挥了不可替代的作用。将非农建设、造林种树、种果种茶等各类占用耕地的行为统一纳入耕地占补平衡管理。坚持"以补定占"，在实现耕地总量动态平衡的前提下，强化市级统筹，原则上，将区域内稳定利用耕地净增加量作为下一年度非农建设允许占用耕地规模的上限，对违法建设相应冻结补充耕地指标，并探索完善耕地异地代保机制。

① 加强补充耕地的质量管理。非农业建设经批准占用耕地的由占用耕地单

位负责补充，落实"先补后占、占优补优、占水田补水田"，将中低产耕地、需要工程改造的耕地纳入高标准农田建设工程，通过提质改造，在保证耕地数量不减少的同时，耕地质量不降低而有提升。做好补充耕地的项目验收，对土地整治项目进行全过程管理，根据相关政策制度和技术规范，严格新增耕地的质量验收工作，对新增耕地的数量和质量进行全面核查。

② 规范耕地占补平衡指标的调剂管理。对于确实无法落实耕地占补平衡的地区，可以按照规定缴纳土地开垦费，通过土地整理、复垦、开发等推进高标准农田建设，或通过网上交易平台对补充耕地指标进行调剂。综合考虑耕地保护的成本、资源保护补偿等相关费用，制定耕地指标异地调剂的指导价格。对于补充指标的收益，应由地方政府按照预算安排，将经费用于耕地保护、农业生产及农村经济发展等。跨县区（市）异地购买指标的，同步调整买卖双方耕地保护目标。

（3）遏制耕地"非农化"及"非粮化"

耕地是粮食生产的重要基础，应遏制耕地的"非农化"及"非粮化"行为，严守耕地底线。根据《国务院办公厅关于坚决制止耕地"非农化"行为的通知》，对于耕地的利用，严禁违规占用耕地绿化造林，禁止占用永久基本农田种植苗木、草皮等用于绿化装饰以及其他破坏耕作层的植物。退耕还林还草要严格控制在国家批准的规模和范围内，违规占用耕地绿化造林的要立即停止。严禁超标准建设绿色通道，要严格控制铁路、公路两侧用地范围以外绿化带用地审批，违规占用耕地超标准建设绿化带的要立即停止，禁止以城乡绿化建设等名义违法违规占用耕地。严禁违规占用耕地挖湖造景，禁止以河流、湿地、湖泊治理为名，擅自占用耕地及永久基本农田挖田造湖、挖湖造景。严禁占用永久基本农田扩大自然保护地，新建的自然保护地应当边界清楚，不准占用永久基本农田。目前已划入自然保护地核心保护区内的永久基本农田要纳入生态退耕，有序退出。严禁违规占用耕地从事非农建设，加强农村地区建设用地审批和乡村建设规划许可管理，坚持农地农用，不得违反规划搞非农建设、乱占耕地建房等。

（4）加强黑土地保护

黑土是地球上珍贵的土壤资源，是指拥有黑色或暗黑色表土层的土壤，是一种性状好、肥力高、适宜农耕的优质土地。东北地区是世界主要黑土带之一，北起大兴安岭，南至辽宁南部，西到内蒙古东部的大兴安岭山地边缘，东达乌苏里江和图们江，涉及辽宁、吉林、黑龙江以及内蒙古东部的部分地区。

东北典型黑土区土壤类型主要有黑土、黑钙土、白浆土、草甸土、暗棕壤、棕壤、水稻土等类型。《国家黑土地保护工程实施方案（2021～2025年）》中明确东北典型黑土区耕地面积约2.78亿亩。其中，吉林省0.69亿亩。近些年对于黑土地的保护越来越重视，严格保护"耕地中的大熊猫"，东北四省（区）耕地质量较2016年前提升0.29等级。但是，黑土耕地退化趋势尚未得到有效遏制。

已经实施综合性治理措施的黑土耕地面积占比较低，坡耕地水土流失仍较重，耕作层变薄和侵蚀沟问题仍然突出，土壤有机质含量下降趋势仍未扭转，局部酸化、盐渍化问题仍然存在。

首先应严格落实黑土地保护任务，落实上级下达的典型黑土区耕地保护任务、工程措施、农艺措施等相关要求。将黑土地建成集中连片、土壤肥沃、生态良好、设施配套、产能稳定的粮食和重要农产品生产基地。强化国土空间规划对黑土耕地的特殊管控。将黑土耕地全部带位置纳入耕地保护红线任务，黑土层深厚、土壤性状良好的黑土耕地应当优先划为永久基本农田，严格实行特殊保护。同时，综合考虑黑土区耕地保护需要、未来人口变化趋势等因素，以资源环境承载能力为基础，分类划定城镇开发边界，从严约束城乡建设无序蔓延对黑土耕地侵蚀。

开展黑土地基础调查。县级开展土地调查时，同步开展黑土地类型、分布、数量、质量、保护和利用状况等情况的调查，建立黑土地档案、黑土地质量监测网络与动态变化数据库，作为严格管护的基础。编制黑土地保护规划，明确保护范围、目标任务、技术模式、保障措施，遏制黑土地退化趋势，提升黑土地质量，改善黑土地生态环境。

加强黑土地综合治理。针对黑土耕地出现的"薄、瘦、硬"问题，着重实施土壤侵蚀治理，农田基础设施建设，肥沃耕作层培育等措施。通过建设截水、排水、引水等设施，拦蓄和疏导地表径流，在坡耕地适宜地区修建梯田，治理坡耕地，防治土壤水蚀。规划农田防护林体系，建设防护林，在适宜地区推广保护性耕作，减少土壤的扰动，防止土壤风蚀。采取截、蓄、导、排等工程和生物措施，治理侵蚀沟，修护和保护耕地。

针对黑土地盐碱，渍涝排水不畅，灌溉设施、路网、电网不配套以及田间道路不适应现代农机作业要求等问题，加强田间灌排工程建设和田块整治，优化机耕路、生产路布局，配套输配电设施，改善实施保护性耕作的基础条件。

实行保护性耕作，优化耕作制度，推广应用少耕免耕秸秆覆盖还田、秸秆碎混翻压还田等不同方式的保护性耕作。在适宜地区重点推广免耕和少耕秸秆覆盖还田技术类型的梨树模式，增加秸秆覆盖还田比例。利用大中型动力机械，结合秸秆粉碎还田、有机肥抛撒，开展深翻整地。在粪肥丰富的地区建设粪污贮存发酵堆沤设施，以畜禽粪便为主要原料堆沤有机肥并施用。推进种养结合，按照以种定养、以养促种原则，推进养殖企业、合作社、大户与耕地经营者合作，促进畜禽粪肥还田，种养结合用地养地。

（5）补充耕地后备资源

以其他草地、盐碱地、沙地、裸土地等作为评价对象，综合地形坡度、年积温、年降水量和灌溉条件、土壤质地、盐渍化程度、土层厚度、耕作便利度、生态条件等因素，开展耕地后备资源潜力评价。将盐碱地等未利用地、低效闲置建设用地以及适宜恢复为优质耕地的园地、林地、草地等其他农用地统筹作为补充耕地来源。

6.4.3 减少耕地生态服务负向价值

截至 2020 年，流域耕地生态负向价值为 3209.19 元/hm²，占耕地生态价值总量的 20.06%，其中，由于化肥的使用所产生的负向价值最大，为 2593.85 元/hm²，在一定程度上阻碍了流域耕地生态价值的供给。由于耕地生态负向价值主要受农药、化肥等不合理的投入影响，因此主要从减少农药、化肥等化学制品的使用、进行节水灌溉、推广绿色化经营理念，提高耕地利用者的生态环保意识等方面，提出减少耕地生态负向价值的实现路径，从而达到提高耕地生态价值的目的。

（1）减少化学制品的使用

农药、化肥作为消灭作物生长过程中病虫害的重要化学药物，对提高粮食产量、农业增收具有重要的作用。随着农业现代化水平的不断提高，农药、化肥、农膜的使用量在急剧增长，已成为决定农业经济效益产出的决定性因素。被喷洒在作物上的农药，通过扩散、转运、降解等过程进行运动与循环，多余的农药和化肥随地表径流、农田排水、地下渗漏进入土体、水体，对耕地生态造成了严重的负担。

目前，由农药、化肥引起的生态负向价值占流域耕地生态负向价值的比例为86%，证明农药、化肥的施用给耕地生态环境造成的影响最大。农民在耕种的过程中，由于追求高产，减少病虫害等选择大量使用农药、化肥，对于耕地生态环境的认识薄弱，生态意识淡薄，因此很难自主地减少化肥、农药使用。针对该问题，应出台相应的规章制度及规范等，对化肥、农药的使用剂量标准等做出相应要求与建议。同时，应进行广泛的宣传，可采用电视、网络等互联网平台，结合线下的实地知识传播，使农民能够真正意识到农药、化肥过量使用的危害和影响，提高农民对相关政策的认识。推广测土配方施肥技术，调整和优化化肥结构，大力开发生物有机肥料加工、生物防治与绿色控害技术，推广施用长效肥料，引导鼓励使用有机肥。推广使用生物农药，采用病虫害综合防治技术，全面禁用高毒、高残留农药。逐步实行农药、化肥使用记录和使用许可制度，控制化肥、农药使用量。大力推广生态农业，发展沼气，多施农家肥、有机肥，减少化肥、农药使用量，从而减少面污染源。

（2）节水灌溉

根据 2023 年吉林省水资源公报显示，2023 年吉林省总用水量 105.36 亿立方米，农业用水量最多，占总用水量的 73.5%。总耗水量 59.04 亿立方米，综合耗水率达 56%。农田灌溉水有效利用系数为 0.608，是水资源消耗的主要来源。受自然条件及水资源禀赋的限制，决定了农业对灌溉的依赖性，推进农业节水灌溉是社会经济发展的必然选择，也是保障国家粮食安全的必然要求。

传统的农业灌溉方式易造成水资源的浪费，同时大水漫灌不仅会增加水土流失，还会导致土壤盐碱化等问题，改变当前的灌溉方式，达到节水目的，且减少水土流失的风险等，可以有效提高耕地的生态供给能力，提高耕地生态价值。具体可以通过推广农业节水灌溉设施，逐步完善农业节水灌溉方式。把水资源约束作为刚性条件，坚持以水定地、以水定产，进行农业用水总量控制和用水定额。确保在粮食作物播种面积、产量等需求下，因地制宜调整作物种植结构，适当压缩高耗水作物的播种面积。

(3) 推广绿色化经营理念

推动农业发展绿色化、低碳化，是实现经济社会发展绿色化和低碳化的重要途径，对于提高生态环境质量，实现人与自然和谐共生具有重要的意义。因此，应大力推进有机、绿色、无公害农产品生产基地及生态农业示范区建设，加强产品及种植基地认证。实施农业农村减排固碳行动，优化种养结构，推广优良作物畜禽品种和绿色高效栽培养殖技术，实现绿色耕种与有机耕种，降低因农业种植污染对生态环境造成的破坏度。推进产业数字化智能化同绿色化的深度融合，深化人工智能、大数据、云计算、工业互联网等在农业生产领域的应用，实现数字技术赋能绿色转型。通过农技推广站、合作社、线上课程等方式，向农民普及绿色种植技术，提高其环保意识和技能水平。开发绿色农业保险产品，降低自然灾害和市场波动带来的风险，增强农民转型信心。

推广绿色化经营理念需要长期坚持，既要依靠政策强制力，也要激发市场活力，最终形成"政府引导、科技支撑、市场认可、公众参与"的良性循环。通过多方协作，逐步推动传统农业向资源节约、环境友好、高质高效的绿色农业转型，实现经济效益与生态效益的"双赢"。

第7章

流域耕地生态供需平衡分析

7.1 模型构建

耕地作为粮食生产的重要载体，在人类开发利用过程中，面临着耕地数量减少、质量降低等问题，且耕地生态环境在受水土流失、生物多样性减少、地下水超采、面源污染等挑战。在生态文明体制改革背景下，基于生态系统服务价值及外部性等理论，耕地作为一种特殊的生态系统，其所蕴含的生态服务价值巨大，人类基于其生态系统功能获得的产品和服务，不仅给人类社会带来可观的经济效益及社会效益，而且在维持整个生态系统平衡中占据重要地位。耕地生态供需差异是判定耕地生态系统服务功能可持续性的重要标志，探究耕地生态供给与需求之间的关系，对于保障耕地资源的可持续利用，维护区域耕地的粮食安全和生态安全具有重要意义。

基于耕地的"三生"功能，将耕地生态足迹分为耕地生产性足迹、生活性足迹和生态性足迹，以农产品消费为基础计算耕地生产性足迹，以维护耕地社会保障功能为前提计算耕地生活性足迹，引入碳足迹模型计算耕地生态性足迹，以此弥补相关研究只是从单一角度计算耕地生态足迹的不足。在明确吉林省辽河流域耕地生态足迹和耕地生态承载力基础上，判定耕地生态赤字与盈余量，分析耕地生态供需空间差异特征，相关研究成果为耕地资源的合理利用和科学管理提供科学依据。

7.1.1 耕地"三生"功能

耕地功能是指在一定时期的开发、利用与保护过程中，以及在构成要素的综合作用下，耕地提供满足人类生存与发展所需产品与服务的能力。人类生存与发展所需的产品与服务以满足人的需求为导向，即耕地功能表现为不同个人或群体对耕地各项功能的需求状态。

人类对耕地功能的需求会随着社会经济的发展和人类生命周期的演进而呈现

出明显的阶段性特征。在社会发展初期，农业文明时代，人类为满足自身的生存需要对耕地的需求主要在于其所提供的农产品，这一时期耕地功能的形成主要受自然要素的主导。随着社会经济的发展，人类的需求出现明显的变化。1935 年，美国颁布的《社会保障法》中第一次使用了社会保障的概念，规定了社会保险、社会福利和社会救济等内容，确立了社会保障普遍性和社会性原则，从此，社会保障作为一个基本法律制度被许多国家确立并实施。

在中国，耕地作为农民赖以生存的生产资料，不仅发挥着生产功能，同样发挥着重要的社会保障功能。耕地的社会保障功能主要体现在对农民基本生活的保障。保障着国家粮食安全。现阶段，我国农村的社会保障体系在不断健全，农民所拥有的耕地直接承担了提供食物、保障基本生活的功能。对于外出打工农民，由于其工作多呈现季节性、临时性，缺乏终身职业保障的特点，耕地对于长期务农和从事非农产业的劳动者都承担着重要的保障作用。粮食安全问题不仅仅是一个经济问题，更是社会问题。保障粮食安全不仅关乎我国的国民经济发展和社会稳定，对于维护世界的粮食安全和稳定同样起着重要作用。因此，耕地的社会保障功能是实现社会稳定的基础与关键。

农业生产要素的投入为农业经济稳定的发展提供了保障，但一段时间以来，不合理的耕地开发利用方式，在农业生产中过度使用农药、化肥、农膜等，造成区域耕地土壤污染、生态环境恶化，降低了耕地生态功能和生产能力，影响了农产品质量和农业生态环境安全。耕地作为生态系统中的重要组成部分，具有水源涵养、土壤保持、气候调节、维持生物多样性等生态服务功能，耕地的环境问题不仅仅关乎着耕地空间，对于整个生态系统都将产生影响。耕地的生态功能随着耕地集约化程度的提高而逐渐显化。

耕地作为一个由自然要素、社会要素和经济要素综合作用形成的复合系统，既是农产品生产的主要场所，又是农民生活的主要保障资料，同时发挥着生态维护功能，对生态环境具有重要的调节作用，耕地发挥着重要的生产、生活和生态功能。耕地的生产功能是耕地作为农业生产用地为人类提供粮食、蔬菜等各类农产品，从而促进农业经济增长。耕地的生活功能是指耕地作为重要的生产要素为农民提供基本的生活保障、失业保障及粮食安全保障，包括耕地所产生的宏观社会效应和对农民生活福祉的影响。耕地的生态功能是指耕地作为生态系统的一环，通过水、土、气、生的综合作用，为生物提供栖息场所，同时提供气候调节、水源涵养、保持水土等生态功能。

7.1.2 耕地生态足迹与承载力

采用耕地生态足迹和耕地生态承载力代表耕地生态需求量和供给量，以此分析流域耕地生态供需差异。通过比较生态承载力与生态足迹的相对大小，能够判断空间生态承载力状况，判别可持续发展程度。若区域耕地生态足迹大于耕地承载力，则说明本区域对耕地资源的占用与消耗大于其可提供的生物生产性耕地面积，存在生态赤字，需额外占用其他区域的耕地生态产品与服务；若区域耕地生态足迹小于耕地承载力，则说明本区域所提供的耕地生物生产性面积可承载本区域对耕地资源的消耗，存在生态盈余。基于耕地"三生"功能的耕地生态供需研究框架详见图 7-1。

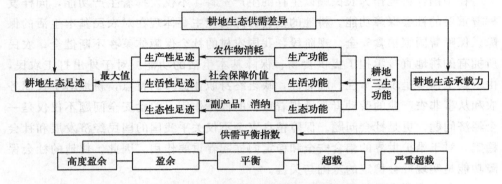

图 7-1　基于耕地"三生"功能的耕地生态供需研究框架

生态足迹是判定生态系统服务功能可持续性的重要标准，其核心是在人和经济一定的条件下，资源消费和废物消纳所需求的生物生产性面积，耕地生态足迹体现了人类为维护自身的生存和发展对耕地资源的占用和消耗，其基础是耕地资源所提供的产品和服务。耕地所提供的产品与服务不仅可以满足人类基本的食物需求，保障粮食安全，这也是耕地生态足迹的基本核算账户。同时，考虑到中国的基本国情及特有的土地使用制度，耕地除了提供基本的农产品，同样在维持社会稳定方面发挥着重要的作用。因此，尝试从耕地所发挥社会保障功能的角度推算耕地的生活性足迹，补充到耕地生态足迹账户。人类在满足自身需要的同时，会对耕地生态环境造成不良影响，其本质是人类对耕地的破坏性占用，同样应该纳入耕地生态足迹账户。基于以上分析，在追踪耕地生态占用时，将生产性足迹核算、生活性足迹核算和生态性足迹核算纳入生态足迹核算账户。

基于耕地的"三生"功能，将耕地生态足迹类型化为生产性足迹、生活性足迹和生态性足迹，且由于耕地同时发挥生产、生活和生态功能，不能简单加和造成对耕地生态足迹的重复计算，因此，按照"舍小取大"原则，选取三者最大值作为耕地生态足迹最终结果，保障耕地的"三生"功能。

生态承载力反映了自然与环境的供容能力，从资源承载的角度看，其指的是一定区域内所能提供的生物生产性土地面积。耕地生态承载力则是一定区域内能够提供给人类的生物生产性耕地面积。按照世界环境与发展委员会发表的《我们共同的未来》报告建议，在区域能为人类提供的生物生产性土地面积中，应扣除12%以维持区域生物多样性。

根据以上分析，耕地生态足迹及生态承载力计算公式如下：

$$EF = \text{MAX}(EP，EL，EO) = \text{MAX}(Ae_f，EL，EO) \qquad (7\text{-}1)$$

$$EC = 0.88 \times Ae_c = 0.88 \times Axy\partial \qquad (7\text{-}2)$$

式中　EF——耕地生态足迹，hm^2；

　　　EP——耕地生产性足迹，hm^2；

　　　EL——耕地生活性足迹，hm^2；

　　　EO——耕地生态性足迹，hm^2；

　　　EC——耕地生态承载力，hm^2；

　　　A——人口数量，万人；

　　　e_f——人均耕地生产性足迹，$\text{hm}^2/$人；

　　　e_c——人均耕地生态承载力，$\text{hm}^2/$人；

　　　x——耕地的均衡因子；

　　　y——产量因子；

　　　∂——人均生物生产性耕地面积，$\text{hm}^2/$人。

耕地面积的 12% 用以维持生物多样性，剩余比例 0.88。

在生态足迹研究中，人类的各类消费被折算到耕地、建筑用地、林地、能源用地、畜牧地和渔业水域 6 类生物生产性土地上。为便于加和比较，需分别将这6 类土地面积转换为具有相同生物生产性土地面积，其转换系数称为均衡因子。产量因子表征某一区域某一类土地面积的生产能力与整体平均水平的差异。由于各省自然、管理、技术等方面的异质性，对于不同区域，采用不同的耕地产量因子，根据不同区域农作物平均产量与全国农作物平均产量之比作为该农作物的产量因子，综合农作物种植面积占耕地面积比例，确定不同区域的耕地产量因子。

根据耕地产量因子计算方法，铁西区、铁东区、梨树县、伊通县、公主岭市、双辽市、龙山区、西安区和东辽县的耕地产量因子分别为 1.1616、1.1575、1.3169、1.3617、1.3551、1.1732、0.9964、0.9968 和 1.1424（表 7-1）。耕地均衡因子采用基于净初级生产力的吉林省耕地均衡因子结果 1.09。

表 7-1　各区域耕地产量因子

地区	稻谷	玉米	豆类	薯类	耕地
铁西区	1.0624	1.1617	1.1736	0.0000	1.1616
铁东区	1.1406	1.1617	0.9345	0.0000	1.1575
梨树县	1.1976	1.3291	1.1969	0.9937	1.3169

地区	稻谷	玉米	豆类	薯类	耕地
伊通县	1.2142	1.3738	1.0305	1.1622	1.3617
公主岭市	1.1736	1.3614	1.3918	1.3345	1.3551
双辽市	1.1707	1.1690	1.2242	1.4116	1.1732
龙山区	0.8818	1.0011	1.2233	0.7681	0.9964
西安区	0.8817	1.0011	0.0000	0.0000	0.9968
东辽县	0.9027	1.1406	1.4093	1.1070	1.1424

7.1.3 耕地生产性足迹

Wackenagel 等明确提出生态足迹模型遵循的 6 条基本假设，分别如下。

（1）生物生产面积的等同性

假设不同的生物生产面积类型在生态功能上有所不同，但通过将其转化为统一的"全球公顷"单位，实现生物生产面积的等同性。

（2）生态生产性土地功能的互斥性

假设某一特定地块只能提供一种生态服务功能。在生态足迹计算中，每种土地类型的功能是唯一的，不能重叠。

（3）生态足迹的累加性

假设各类生态足迹在空间上是可累加的。这意味着可以将不同消费项目所需的生物生产面积相加，得到一个地区或个人的总生态足迹。

（4）能源用地与生态用地分离性

假设在计算生态足迹时，能源消耗所需的土地与其他生态生产性土地是分离的。

（5）生态承载力的全球一致性

假设地球上的生物生产面积能够提供一个全球一致的生态承载力标准。

（6）可持续发展状态的二元性

假设一个地区的生态足迹如果小于其生态承载力，则处于可持续发展的状态；反之，如果生态足迹大于生态承载力，则处于不可持续发展的状态。

为便于国际级间的比较，可采用全球公顷，但不同国家、省份及市县等区域的特殊性，采用全球公顷无法反映其实际的生态容量和生态负荷，因此，很多研究主张用国家公顷代替全球公顷，以便更加真实地反映区域生态足迹。在计算耕地生产性足迹时，以国家公顷代替全球公顷。为体现区域农作物的真实消费量，且考虑到中国将长期坚持国内粮食基本自给的方针，因此在不考虑国际贸易仅考虑国内粮食流转的前提下，不同农作物的人均消费量以人均生产量为基础，按照各地区所占比例，依据省级生产量减去调出量同比例缩减，且以联合国粮农组织确定的人均粮食消费量 400kg/人为粮食消费安全线，当区域人均粮食消费量小于安全线时，按照人均粮食消费量 400kg/人计算人均耕地生产性足迹，而该区域的粮食缺口在流域范围内的其他县（市、区）进行同比例缩减。

人均耕地生产性足迹计算公式如下：

$$e_f = \sum_{i=1}^{n} x \times \frac{PR_i}{PQ_i} \tag{7-3}$$

式中　PR_i——i 类农作物的人均消费量，kg/人；

　　　PQ_i——i 类农作物的全国平均生产力，kg/hm²；

　　　i——农作物消费项目类型。

选取稻谷、小麦、玉米、薯类和豆类 5 种粮食作物作为农作物消费项目。

7.1.4　耕地生活性足迹

在计算耕地生活性足迹时，为充分体现耕地的生活功能，即社会保障功能，计算为保障区域内农民的生活所需要的耕地面积作为耕地生活性足迹。城镇居民享受政府提供的养老保险、医疗保险、工伤保险等社会保障金，而耕地作为农民的生存根本，为农民提供最基本的社会保障。计算耕地生活性足迹的关键在于确定耕地的社会保障能力，参考相关研究，区域内耕地的社会保障能力按照耕地的社会保障价值与农村居民最低生活保障金的比值进行衡量，以此作为计算保障农民生活所需的耕地面积，探索耕地的生活性足迹。

耕地生活性足迹计算公式如下：

$$EL = \frac{B}{PU} = \frac{BD}{V} \tag{7-4}$$

式中　B——保障人口数，即区域农业人口，万人；

　　　PU——区域耕地社会保障能力，人/hm²；

　　　V——耕地社会保障功能价值，元/hm²；

　　　D——人均需求，元/人。

采用最低生活保障金额表征人均需求，即 12 月×人均月最低生活保障金。

参照国家为城镇居民提供的养老保险金，考虑农村与城镇经济水平的差异，用农村居民与城镇居民的收入比进行修正，采用替代市场法，通过对城镇社会养老保险价值进行修正。流域耕地资源对农民的社会保障价值计算公式如下：

$$V = \frac{x_1 E}{x_2 t} \tag{7-5}$$

式中　x_1——农村居民家庭人均纯收入，元；

　　　x_2——城镇居民家庭人均可支配收入，元；

E——政府为城镇居民提供的社会养老保险金，元/人；

　　　t——人均耕地面积，hm^2/人。

根据《吉林省人民政府办公厅关于印发吉林省落实降低社会保险费率实施方案的通知》，自 2019 年 5 月 1 日起，降低城镇职工基本养老保险（包括企业和机关事业单位基本养老保险）单位缴费比例，由 20％降至 16％，因此，政府为城镇居民提供的社会养老保险金采用各县（市、区）基本养老保险计发基数与单位缴费比例相乘所得。

7.1.5　耕地生态性足迹

人类对耕地资源的占用不仅体现在消费粮食等生物性产品，同时由于耕地生态环境的破坏而引发的一系列负外部性。当前，由于过量的农药、化肥的使用，人类对耕地资源的破坏性利用越来越严重，由于人类活动的干扰导致耕地质量下降、土壤板结、水土流失等现象尤为突出。因此，在核算耕地生态足迹时，应将破坏耕地生态环境引起的"副产品"纳入其中，以期更加真实地反映耕地的生态消费情况。

在计算耕地生态性足迹时，结合农田生态系统中碳足迹的方法，引入碳足迹模型，计算在农业生产过程中由于农药、化肥、农膜和农业机械的投入和使用以及灌溉等碳排放对耕地的占用和消耗，根据不同农作物产量，以及农作物的含碳率、根冠比、水分系数和经济系数等计算耕地的固碳能力，依据在农业生产过程中的碳排放量以及农作物的固碳能力，确定耕地生态性足迹。引入碳足迹模型的主要原因为其在农田生态系统的应用较为成熟，且碳足迹源于生态足迹，其结果可以用面积表征。

耕地的生态性足迹是指人类从事农业活动过程中所产生的废弃物对耕地的占用和消耗。耕地生态性足迹计算公式如下：

$$EO = \frac{E}{PC} \tag{7-6}$$

式中　E——区域耕地碳排放量，kg；

　　　PC——耕地的固碳能力，kg/hm^2。

耕地利用过程中会使用大量化肥、农药和其他生产工具，从而带来大量的碳排放。参考农田生态系统碳足迹计算方法，考虑在农业生产过程中农药、化肥、农膜等使用，以及农业机械及灌溉等应用过程中的碳排放量，耕地碳排放量计算公式如下：

$$E = aa_1 + bb_1 + cc_1 + dd_1 + ee_1 + ff_1 \tag{7-7}$$

式中　a、b、c——农药、化肥、农膜使用量，kg；

　　　d——农作物种植面积，hm^2；

e——农业机械总动力，kW；

f——灌溉面积，hm^2。

a_1——农药的碳排放系数，kg/kg，取值为 4.93kg/kg；

b_1——化肥的碳排放系数，kg/kg，取值为 0.89kg/kg；

c_1——农膜的碳排放系数，kg/kg，取值为 5.18kg/kg；

d_1——农作物的碳排放系数，kg/hm^2，取值为 16.47kg/hm^2；

e_1——农业机械的碳排放系数，kg/kW，取值为 0.18kg/kW；

f_1——灌溉的碳排放系数，kg/hm^2，取值为 266.48kg/hm^2。

为定量计算流域不同农作物的碳吸收量，需要结合农作物产量、经济系数、根冠比、含碳量和水分系数等指标。耕地的固碳能力计算公式如下：

$$PC = \frac{\sum_{i=1}^{n} [C_i R_i \times (1 - U_i) \times (1 + S_i)] / G_i}{A} \tag{7-8}$$

式中 C_i——含碳率，%；

R_i——农作物产量，kg；

U_i——果实的水分系数，%；

S_i——根冠比系数；

G_i——经济系数；

i——农作物类型。

参考李明琦等研究而定不同农作物的植被碳储量估算参数（表7-2）。

表 7-2　不同农作物的植被碳储量估算参数

农作物	经济系数	根冠比	含碳量/%	水分系数/%
水稻	0.49	0.60	41.7	11.9
小麦	0.36	0.40	47.1	11.7
玉米	0.46	0.16	46.4	12.2
大豆	0.38	0.13	44.5	15.0
薯类	0.68	0.18	43.3	77.1

7.1.6　耕地生态供需指数

由于生态盈亏是绝对量，不利于可持续程度的横向和纵向比较。为了更好地评估区域可持续发展状况，在依据耕地"三生"功能，确定耕地生态足迹（生态需求）及生态承载力（生态供给）的基础上，借鉴生态供需平衡指数探索耕地生态供需空间差异，生态供需平衡指数是耕地生态承载力与耕地生态足迹的比值，

其计算公式如下:

$$ECCI = \frac{EF}{EC} \qquad (7-9)$$

式中 ECCI——生态供需平衡指数。

当 ECCI＜1 时,耕地生态供给大于需求,即耕地生态承载力大于生态足迹时,为耕地生态盈余区;当 ECCI＞1 时,耕地生态供给小于需求,即耕地生态承载力小于生态足迹时,为耕地生态赤字区。

由于耕地生态足迹和生态承载力不可能完全对等,因此将 ECCI 上下浮动 10％作为生态临界区,依据生态赤字区、临界区和盈余区内部 ECCI 的平均值进行进一步细分,得到流域耕地生态承载状况分级(表 7-3)。

表 7-3 流域耕地生态承载状况分级

类型	耕地生态供需平衡指数	耕地生态承载状况
生态盈余区	ECCI≤0.70	高度盈余
	0.70＜ECCI≤0.9	盈余
生态临界区	0.9＜ECCI≤1.1	平衡
生态赤字区	1.1＜ECCI≤1.60	超载
	ECCI＞1.60	严重超载

7.2 耕地生态足迹与耕地生态承载力分析

7.2.1 耕地生态足迹

以 2020 年为例,根据耕地生态足迹及耕地生态承载力计算公式,得到流域 9 个县(市、区)的耕地生产性足迹、生活性足迹及生态性足迹,依据"舍小取大"原则,得到流域耕地生态足迹(表 7-4)及各区域耕地"三生"性足迹分布(7-2)。

表 7-4 流域耕地"三生"性足迹   单位:万公顷

空间尺度	地区	生产性足迹	生活性足迹	生态性足迹	耕地生态足迹	耕地生态承载力
区县尺度	铁西区	1.79	0.88	0.20	1.79	0.86
	铁东区	1.68	3.21	0.40	3.21	3.17
	梨树县	12.90	18.48	2.58	18.48	37.26
	伊通县	4.49	12.49	1.54	12.49	15.76

空间尺度	地区	生产性足迹	生活性足迹	生态性足迹	耕地生态足迹	耕地生态承载力
区县尺度	公主岭市	14.11	26.95	3.37	26.95	44.91
	双辽市	5.94	16.32	2.08	16.32	21.68
	龙山区	1.76	0.90	0.17	1.76	0.84
	西安区	0.73	0.78	0.15	0.78	0.56
	东辽县	3.98	9.03	1.15	9.03	14.24
地市尺度	四平市	—	—	—	79.25	123.63
	辽源市	—	—	—	11.57	15.64
流域尺度	辽河流域	—	—	—	90.82	139.27

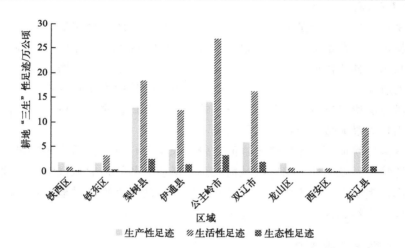

图7-2 各区域耕地"三生"性足迹分布

结果表明，基于耕地"三生"功能，流域耕地生态足迹为90.82万公顷，表明由于人们的粮食需求、生活保障需求和生态性需求对耕地资源的占用达到90.82万公顷。在地市尺度，四平市耕地生态足迹远高于辽源市，生态足迹分别为79.25万公顷和11.57万公顷。从各区县的结果来看，公主岭市和梨树县生态足迹较大，分别为26.95万公顷和18.48万公顷，铁西区、铁东区、龙山区和西安区的耕地生态足迹较小，分别为1.79万公顷、3.21万公顷、1.76万公顷和0.78万公顷，证明该区域对耕地资源的占用与消耗较小。

从耕地生产性足迹来看，公主岭市生产性足迹最大，为14.11万公顷；其次是梨树县，为12.90万公顷；双辽市、伊通县和东辽县的耕地生产性足迹分别为

5.94 万公顷、4.49 万公顷和 3.98 万公顷；而铁西区、铁东区、龙山区和西安区的耕地生产性足迹均较小，分别为 1.79 万公顷、1.68 万公顷、1.76 万公顷和 0.73 万公顷。

从耕地生活性足迹结果来看，公主岭市耕地生活性足迹最大，为 26.95 万公顷；梨树县次之，为 18.48 万公顷；双辽市、伊通县和东辽县的耕地生活性足迹分别为 16.32 万公顷、12.49 万公顷和 9.03 万公顷；而铁西区、铁东区、龙山区和西安区的耕地生活性足迹均较小，分别为 0.88 万公顷、3.21 万公顷、0.90 万公顷和 0.78 万公顷。

从耕地生态性足迹结果来看，公主岭市生态性足迹最大，为 3.37 万公顷；其次是梨树县，为 2.58 万公顷；双辽市、伊通县和东辽县的耕地生态性足迹分别为 2.08 万公顷、1.54 万公顷和 1.15 万公顷；而铁西区、铁东区、龙山区和西安区的耕地生态性足迹均较小，分别为 0.20 万公顷、0.40 万公顷、0.17 万公顷和 0.15 万公顷。

从耕地"三生"性足迹结果来看，流域呈现明显的分异特征，公主岭市和梨树县的耕地生产性足迹、生活性足迹和生态性足迹始终保持前两名；而双辽市、伊通县和东辽县的耕地"三生"性足迹位于中值区；铁西区、铁东区、龙山区和西安区的耕地"三生"性足迹位于低值区。以上数值的大小与区域总人口、农业人口及耕地面积等有直接的关系，公主岭市的总人口、农业人口及耕地面积在流域范围内均为最大值，而西安区均为最小值。

从各区域耕地"三生"性足迹的比较结果来看，耕地生活性足迹最大，表明耕地发挥社会保障功能，保障区域内农民生活所需的耕地面积最大；耕地生态性足迹最小，表明人类从事农业活动过程中所产生的废弃物对耕地的占用和消耗最小；耕地生产性足迹位于中间的位置。

7.2.2 耕地生态承载力

根据耕地生态承载力计算公式，得到流域耕地生态承载力（表 7-5）。

表 7-5 流域耕地生态足迹及承载力 单位：万公顷

空间尺度	地区	耕地生态足迹	耕地生态承载力
区县尺度	铁西区	1.79	0.86
	铁东区	3.21	3.17
	梨树县	18.48	37.26
	伊通县	12.49	15.76
	公主岭市	26.95	44.91
	双辽市	16.32	21.68

空间尺度	地区	耕地生态足迹	耕地生态承载力
区县尺度	龙山区	1.76	0.84
	西安区	0.78	0.56
	东辽县	9.03	14.24
地市尺度	四平市	79.25	123.63
	辽源市	11.57	15.64
流域尺度	辽河流域	90.82	139.27

结果表明，流域耕地生态承载力为139.27万公顷，其耕地具有较强的承载功能。四平市和辽源市耕地生态承载力分别为123.63万公顷和15.64万公顷，四平市明显高于辽源市。从各区县结果来看，公主岭市耕地生态承载力最大，为44.91万公顷；其次为梨树县和双辽市，分别为37.26万公顷和21.68万公顷。生态承载力最小的为西安区，为0.56万公顷；其次是龙山区，为0.84万公顷。其他区域的耕地生态承载力介于0.86万～21.68万公顷之间，相差较大，总体呈"北高南低"的空间格局，与生态足迹存在空间一致性。

吉林省辽河流域作为国家重要的粮食主产区，各县（市）均是吉林省重要的商品粮生产基地，其耕地主要集中在公主岭市、梨树县、双辽市等区域，且公主岭市是我国首批确定的商品粮基地和黑土地保护工程试点区域，梨树县属于国家重点商品粮基地和全国粮食生产先进县，作为率先建设全国最大黑土地改良基地的区域，经典的梨树模式被全国认可，因此其耕地的生态承载力均较大。

总体来看，各区县的耕地生态足迹与耕地生态承载力差异显著，这与区域主体功能定位相符合。在计算耕地生态供给与需求时，考虑了耕地在满足粮食需求的同时，对社会稳定的重要作用。这方面，引入了耕地生产性足迹、生活性足迹和生态性足迹等不同类型的耕地生态足迹账户，可以准确地测算耕地生态足迹与承载力，更全面地分析流域耕地生态供需差异。

7.3 耕地生态赤字与盈余分析

依据流域各县（市、区）的耕地生产性足迹、生活性足迹、生态性足迹及耕地生态承载力，得到流域耕地生态赤字与盈余量（表7-6）。

2020年，流域耕地存在生态盈余，盈余量为48.45万公顷，证明流域除了提供本行政区域的耕地生态产品与服务，为其他区域贡献了耕地生物生产面积达48.45万公顷。四平市和辽源市耕地均在生态盈余，其中，四平市的耕地生态盈余量较大，为44.38万公顷，而辽源市的耕地生态盈余量为4.07万公顷。

表7-6 流域耕地生态赤字与盈余

空间尺度	地区	耕地生产性赤字与盈余/万公顷	耕地生活性赤字与盈余/万公顷	耕地生态性赤字与盈余/万公顷	耕地生态赤字与盈余/万公顷	盈余与赤字占比/%
区县尺度	铁西区	−0.94	−0.03	0.65	−0.94	44.34
	铁东区	1.49	−0.04	2.76	−0.04	1.89
	梨树县	24.36	18.78	34.67	18.78	37.14
	伊通县	11.27	3.27	14.21	3.27	6.47
	公主岭市	30.81	17.96	41.54	17.96	35.52
	双辽市	15.73	5.36	19.60	5.36	10.60
	龙山区	−0.92	−0.05	0.67	−0.92	43.40
	西安区	−0.17	−0.22	0.41	−0.22	10.38
	东辽县	10.26	5.20	13.08	5.20	10.28
地市尺度	四平市	—	—	—	44.38	—
	辽源市	—	—	—	4.07	—
流域尺度	辽河流域	—	—	—	48.45	—

在区县尺度，耕地生态盈余量的大小依次为梨树县（18.78万公顷）、公主岭市（17.96万公顷）、双辽市（5.36万公顷）、东辽县（5.20万公顷）、伊通县（3.27万公顷），而生态赤字量的排序为铁西区（−0.94万公顷）、龙山区（−0.92万公顷）、西安区（−0.22万公顷）、铁东区（−0.04万公顷）。梨树县和公主岭市的耕地盈余量占流域总盈余量的72.66%，是流域范围内耕地生态空间的主要外溢区。而龙山区和铁西区的生态赤字量占总赤字量的87.74%，是流域范围内耕地生态空间的主要消耗区。

从耕地的生产性赤字与盈余量来看，耕地的生产性盈余量大小依次为公主岭市（30.81万公顷）、梨树县（24.36万公顷）、双辽市（15.73万公顷）、伊通县（11.27万公顷）、东辽县（10.26万公顷）、铁东区（1.49万公顷），而生产性赤字量的排序为铁西区（−0.94万公顷）、龙山区（−0.92万公顷）、西安区（−0.17万公顷）。说明铁西区、龙山区和西安区的粮食产量不足以维持本区域内的人口，耕地的可持续性差，需要从其他盈余区进行补充。而其他其余的粮食产量均可以维持本区域的人口需求，可持续性良好。

从耕地的生活性赤字与盈余量来看，耕地的生活性盈余量大小依次为梨树县

（18.78万公顷）、公主岭市（17.96万公顷）、双辽市（5.36万公顷）、东辽县（5.20万公顷）、伊通县（3.27万公顷），而生活性赤字量的排序为西安区（—0.22万公顷）、龙山区（—0.05万公顷）、铁东区（—0.04万公顷）、铁西区（—0.03万公顷）。从耕地社会保障功能的角度，西安、龙山区、铁东区和铁西区的耕地资源不足以维持本区域农民的社会保障功能。

从耕地的生态性赤字与盈余量来看，耕地的生态性均存在盈余，不存在赤字区域。其盈余量大小的排序为公主岭市（41.54万公顷）、梨树县（34.67万公顷）、双辽市（19.60万公顷）、伊通县（14.21万公顷）、东辽县（13.08万公顷）、铁东区（2.76万公顷）、龙山区（0.67万公顷）、铁西区（0.65万公顷）、西安区（0.41万公顷）。主要考虑耕地利用过程中的碳排放量和碳吸收量，证明流域耕地利用过程中的碳排放量可以被其消纳，且有较大的盈余。

整体来看，基于耕地"三生"功能，造成耕地生态赤字的主要原因是耕地的生产性和生活性赤字，铁西区、铁东区、龙山区和西安区均存在不同程度的耕地生产性和生活性赤字，其耕地生态性不存在赤字区域，均为盈余区。流域整体耕地的生产功能、生活功能和生态功能方面均能满足自身的需求，均属于盈余区。各区县的耕地生态供需空间差异显著，整体表现出"县（市）盈余、区赤字"的特征，这与区域主体功能定位相符合。

吉林省辽河流域作为全国重要粮食主产区，对于保障耕地的可持续利用及维护区域粮食安全和生态安全具有重要意义。

① 针对梨树县和公主岭市等耕地生态高度盈余区，应继续保持其耕地的保护性耕作行为，提高耕地可持续利用水平，对于铁西区、铁东区、龙山区、西安区等耕地生态超载区，则要采用多种措施提高耕地生态供给能力，坚守耕地底线，严格控制非农建设占用优质耕地，防止"占优补劣"等现象，增加耕地后备资源数量，同时合理减少农药、化肥等使用，防止农业面源污染等。

② 鉴于流域耕地整体处于生态盈余区，且流域范围内耕地生态供需空间差异显著，因此需要建立差别化的耕地生态补偿方案，提高耕地生态补偿的实际可操作性。以耕地生态赤字与盈余为基础，确定耕地生态补偿支付区和受偿区，建立纵向（流域）尺度及横向（地市、区县）尺度的耕地生态补偿财政转移路径，实现区际及区内的耕地生态补偿。通过耕地生态补偿刺激耕地保护行为，调节区域耕地保护事权与财权之间的关系，从而保障区域的公平发展。

7.4 耕地生态供需指数分析

根据生态供需平衡指数计算公式，得到流域耕地生态供需指数，见表7-7。

表 7-7　流域耕地生态供需指数

空间尺度	地区	生产性供需指数	生活性供需指数	生态性供需指数	耕地生态供需指数
区县尺度	铁西区	2.0914	1.0299	0.2372	2.0914
	铁东区	0.5305	1.0141	0.1277	1.0141
	梨树县	0.3462	0.4960	0.0693	0.4960
	伊通县	0.2847	0.7926	0.0978	0.7926
	公主岭市	0.3141	0.6001	0.0750	0.6001
	双辽市	0.2741	0.7530	0.0958	0.7530
	龙山区	2.0902	1.0632	0.2043	2.0902
	西安区	1.2965	1.3879	0.2673	1.3879
	东辽县	0.2793	0.6344	0.0809	0.6344
地市尺度	四平市	—	—	—	0.6410
	辽源市	—	—	—	0.7399
流域尺度	辽河流域	—	—	—	0.6521

依据自然断点法，将流域耕地生产性供需指数、生活性供需指数和生态性供需指数划分为 4 个等级（Ⅰ、Ⅱ、Ⅲ、Ⅳ）。根据耕地生态承载状况分级情况，将流域耕地生态供需指数分为高度盈余区、盈余区、平衡区、超载区和严重超载区。流域耕地生态供需指数分级见表 7-8。

表 7-8　流域耕地生态供需指数分级

空间尺度	地区	生产性供需指数	生活性供需指数	生态性供需指数	耕地生态供需指数
区县尺度	铁西区	Ⅳ级	Ⅲ级	Ⅳ级	严重超载区
	铁东区	Ⅱ级	Ⅲ级	Ⅲ级	平衡区
	梨树县	Ⅰ级	Ⅰ级	Ⅰ级	高度盈余区
	伊通县	Ⅰ级	Ⅱ级	Ⅱ级	盈余区
	公主岭市	Ⅰ级	Ⅰ级	Ⅰ级	高度盈余区
	双辽市	Ⅰ级	Ⅱ级	Ⅱ级	盈余区
	龙山区	Ⅳ级	Ⅲ级	Ⅳ级	严重超载区
	西安区	Ⅲ级	Ⅳ级	Ⅳ级	超载区
	东辽县	Ⅰ级	Ⅰ级	Ⅰ级	高度盈余区
地市尺度	四平市	—	—	—	高度盈余区
	辽源市	—	—	—	盈余区
流域尺度	辽河流域	—	—	—	高度盈余区

从耕地生产性供需指数及分级情况来看，梨树县、公主岭市、伊通县、双辽市、东辽县均属于Ⅰ级区域，符合区域主体功能定位，各县（市）均属于粮食主产区，耕地面积及粮食产量占比高，从人类消费的各类农产品对耕地的占用和消耗来看，均属于高度盈余，既可以满足自身需求，又可以为其他区域做出贡献。铁东区属于Ⅱ级区域。西安区属于Ⅲ级区域，耕地生产性供需指数介于1~2之间，属于生产性超载区域。铁西区和龙山区属于Ⅳ级区域，耕地生产性供需指数大于2，属于生产性严重超载区域，证明其耕地生产性足迹已经严重的超出了其可承载的能力，本行政辖区内的粮食生产能力无法承载区域内的人口。

从耕地生活性供需指数及分级情况来看，梨树县、公主岭市和东辽县属于Ⅰ级区域，证明区域内耕地均可以很好地保障区域内农民的生活。双辽市和伊通县属于Ⅱ级区域。铁西区、铁东区和龙山区属于Ⅲ级区域，耕地生活性供需指数均大于1，已经属于耕地生活性超载区域。西安区属于Ⅳ级区域，属于较为严重的超载区域，耕地的生活性足迹严重地超出了其可承载的能力。

从耕地生态性供需指数及分级情况来看，流域耕地生态性供需指数均小于1，且最大值仅为0.2673，表明区域耕地可以满足人类从事农业活动过程中所产生的废弃物对其的占用和消耗。公主岭市、梨树县和东辽县属于Ⅰ级区域。双辽市和伊通县属于Ⅱ级区域。铁东区属于Ⅲ级区域。铁西区、西安区和龙山区属于Ⅳ级区域，整体北部高于南部区域。

流域的耕地生态供需指数为0.6521，属于耕地生态高度盈余，证明流域耕地提供了额外的生态系统服务，且对区域内和区域外的耕地生态都起到较强的承载作用。四平市耕地生态供需指数为0.6410，属于耕地生态高度盈余区；辽源市耕地生态供需指数为0.7399，属于生态盈余区。从耕地生态供需指数的空间分布来看，梨树县、公主岭市和东辽县属于高度盈余区，供需指数分别为0.4960、0.6001和0.6344；双辽市和伊通县属于盈余区，供需指数分别为0.7530、0.7926；铁东区属于平衡区域，供需指数为1.0141；西安区属于超载区，供需指数为1.3879；铁西区和龙山区属于严重超载区，供需指数分别为2.0914和2.0902，均大于2。结果显示，流域耕地生态供需情况呈"北盈南亏，梯次递进"的空间分布特征，空间差异显著。

7.5　传统生态足迹模型结果

为与传统生态足迹模型所核算的耕地生态足迹结果进行比较，利用传统生态足迹模型，在传统生态足迹模型核算账户中加入碳足迹，计算耕地生态足迹，与基于耕地"三生"功能的耕地生态足迹结果进行比较。得到流域耕地生态足迹对比情况（表7-9），以及各区域耕地生态足迹对比（图7-3）。

表 7-9　流域耕地生态足迹对比情况　　　　　　　　　　　　　　　单位：万公顷

空间尺度	地区	耕地生态足迹1	耕地生态足迹2	耕地生态足迹3	耕地生态赤字与盈余1	耕地生态赤字与盈余2	耕地生态赤字与盈余3	耕地生态承载力
区县尺度	铁西区	1.79	1.90	1.79	−0.94	−1.04	−0.94	0.86
	铁东区	1.68	1.88	3.21	1.49	1.28	−0.04	3.17
	梨树县	12.90	14.19	18.48	24.36	23.07	18.78	37.26
	伊通县	4.49	5.26	12.49	11.27	10.50	3.27	15.76
	公主岭市	14.11	15.79	26.95	30.8	29.12	17.96	44.91
	双辽市	5.94	6.98	16.32	15.74	14.70	5.36	21.68
	龙山区	1.76	1.85	1.76	−0.92	−1.00	−0.92	0.84
	西安区	0.73	0.80	0.78	−0.17	−0.24	−0.22	0.56
	东辽县	3.98	4.55	9.03	10.26	9.68	5.20	14.24
地市尺度	四平市	40.91	46	79.25	82.72	77.63	44.38	123.63
	辽源市	6.47	7.2	11.57	9.17	8.44	4.07	15.64
流域尺度	辽河流域	47.38	53.20	90.82	91.89	86.07	48.45	139.27

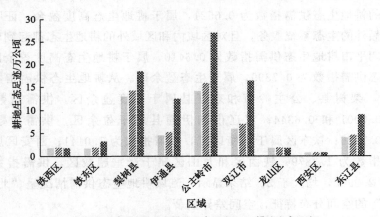

图 7-3　各区域耕地生态足迹结果对比

　　根据结果可知，不考虑碳足迹结果，耕地仅发挥生物生产功能，流域耕地生态足迹为 47.38 万公顷，耕地生态整体处于盈余状态，且其盈余量最大，盈余量为 91.89 万公顷。四平市和辽源市的耕地生态足迹分别为 40.91 万公顷和 6.47 万公顷，均处于耕地生态盈余状态，盈余量分别为 82.72 万公顷和 9.17 万公顷。

从各区县结果来看，公主岭市耕地生态足迹最大，为 14.11 万公顷；其次是梨树县，为 12.90 万公顷，西安区耕地生态足迹最小，为 0.73 万公顷；其次是铁东区，为 1.68 万公顷；伊通县、双辽市和东辽县的耕地生态足迹分别为 4.49 万公顷、5.94 万公顷和 3.98 万公顷。流域范围内，铁西区、龙山区和西安区耕地存在生态赤字，赤字量分别为 -0.93 万公顷、-0.92 万公顷和 -0.17 万公顷。公主岭市和梨树县的耕地生态盈余量最大，分别为 30.8 万公顷和 24.36 万公顷；伊通县、双辽市和东辽县次之，盈余量分别为 11.27 万公顷、15.74 万公顷和 10.26 万公顷。

考虑碳足迹结果后，流域耕地生态足迹及承载力分别为 53.20 万公顷和 139.27 万公顷，整体处于生态盈余状态，耕地生态盈余量为 86.07 万公顷，供给明显高于需求。四平市和辽源市的耕地生态足迹分别为 46 万公顷和 7.2 万公顷，均存在生态盈余，盈余量分别为 77.63 万公顷和 8.44 万公顷。流域范围内，耕地生态足迹与耕地生态承载力在空间分布上具有一致性的特征，一般耕地生态足迹较大的区域，耕地生态承载力也较大。各区域的耕地生态足迹及承载力相差较悬殊，流域内大部分区域耕地存在生态盈余，而铁西区、龙山区及西安区的耕地存在生态赤字，赤字量分别为 -1.04 万公顷、-1.00 万公顷和 -0.24 万公顷，且铁西区与龙山区均已达到严重超载的状态，耕地生态需求量是其可供给量的 2 倍以上，耕地生态服务不能满足本区域内的需求，可持续性差，对其他区域进行了占用与消耗。公主岭市、梨树县、铁东区、伊通县、双辽市及东辽县耕地均存在生态盈余。耕地生态盈余量最大的是公主岭市，盈余量为 29.12 万公顷；其次为梨树县，盈余量为 23.07 万公顷。从各区域盈余量占总盈余量的比例来看，公主岭市和梨树县是流域耕地生态盈余的主要贡献区域，其盈余量占流域盈余量的 60.64%。除铁东区外，其他盈余区域的耕地生态服务可持续性良好，对区域内的耕地生态消耗具有较强的承载作用。

对比各生态足迹结果可知，耕地生态足迹差异较大，总体来看，考虑耕地生产功能、生活功能和生态功能后，耕地生态足迹呈增长态势，耕地生态赤字量增加，而盈余量减少。其中，变化最明显的是铁东区，仅考虑耕地生物生产功能和碳足迹的结果，铁东区属于生态盈余区，但加入耕地的生活功能后，铁东区由生态盈余区转变为生态赤字区。证明耕地所发挥功能的不同，其对耕地资源的占用和消耗不同，在核算耕地生态足迹时应充分考虑耕地的多功能，使计算结果更加全面。

第 **8** 章

流域耕地生态外溢价值及补偿额度

8.1 耕地生态空间外溢价值及补偿主体

实施耕地生态补偿是维护农业可持续发展与生态安全的重要举措。随着城镇化与农业集约化发展，耕地长期面临过度开发、土壤退化及生物多样性下降等问题，导致生态系统服务功能削弱。通过建立生态补偿机制，一方面能激励农民采用环境友好型耕作方式，减少面源污染，提升土壤固碳能力；另一方面能弥补耕地生态保护带来的经济成本，平衡粮食生产与生态保护的双重目标。此外，补偿机制有助于调节区域生态公平，确保承担生态保护责任的地区获得合理回报，最终实现耕地资源的永续利用，树立和践行"绿水青山就是金山银山"的理念。这一制度创新既是应对全球气候变化与生物多样性危机的必然选择，也是推进生态文明建设的核心路径。

本书界定耕地生态补偿责任主体，依据耕地生态超载指数，衡量流域耕地生态外溢价值及边界，结合地区耕地资源禀赋条件、发展财权能力、社会经济发展阶段、政府支付能力等因素，建立差异化的耕地生态补偿标准测算模型，制定吉林省辽河流域、地市及各区县耕地生态补偿标准及额度，完善耕地生态补偿机制，相关研究成果可以为流域耕地生态补偿政策的制定及实施提供参考依据。

识别耕地生态补偿主体，界定耕地生态补偿的受益方与责任方，是进行耕地生态补偿的前提。基于耕地生态盈余区与耕地生态赤字区，作为衡量耕地生态补偿的受偿区与支付区的依据。耕地生态承载力盈亏与生态补偿原理如图 8-1所示。

当耕地生态承载力不足以承载本区域人口的生态足迹消费时，表现为耕地生态赤字。当耕地生态承载力足以承载本区域人口的生态足迹消费时，表现为耕地生态盈余。在区间开放的前提下，耕地生态盈余区为耕地生态赤字区弥补了承载力的缺失。耕地生态承载力的空间转移使耕地生态盈余区承担了本区域外的耕地

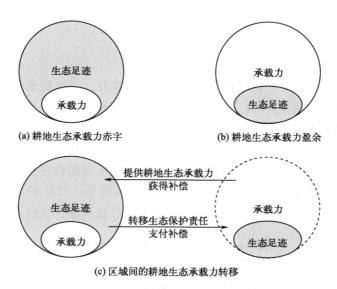

(a) 耕地生态承载力赤字　　　　　(b) 耕地生态承载力盈余

(c) 区域间的耕地生态承载力转移

图 8-1　耕地生态承载力盈亏与生态补偿原理

保护责任，而赤字区却无偿地享受了盈余区带来的耕地生态价值。根据耕地生态补偿的概念内涵，承担过多耕地生态保护责任的一方理应受到转出生态保护责任一方的经济补偿，因此，耕地生态盈余区即为耕地生态受偿区，耕地生态赤字区即为耕地生态支付区。

在确定耕地生态补偿主体的基础上，衡量区域耕地生态外溢价值，是进行差异化耕地生态补偿的关键。耕地生态外溢价值为耕地生态服务价值与耕地生态超载指数相乘而得。计算公式如下：

$$esv = LES \times A \times \frac{ec - ef}{ec} \tag{8-1}$$

式中　esv——耕地生态外溢价值，元；

LES——单位耕地生态服务净价值，元/hm²；

A——区域耕地面积，hm²；

ef——区域耕地生态足迹，hm²；

ec——区域耕地生态承载力，hm²。

若该区域耕地生态处于超载状态，则耕地生态外溢价值为负，表明其耕地生态服务不能满足本区域需求，需额外占用其他区域的耕地生态效益；若该区域耕地生态处于盈余状态，则耕地生态外溢价值为正，表明其耕地生态不仅可以满足本区域的需求，同时可以为其他区域提供了额外的生态产品与服务。

耕地生态超载指数是耕地生态承载力与耕地生态足迹之差占耕地生态承载力的比值，反映耕地生态盈亏程度，作为连接耕地生态足迹及耕地生态承载力的重要指标，用以测算耕地生态补偿量。计算公式如下：

$$R = \frac{ec - ef}{ec} \tag{8-2}$$

式中　R——耕地生态超载指数。

当 $R=0$ 时，耕地生态足迹等于耕地生态承载力，区域耕地生态消耗与供给维持平衡状态；当 $R>0$ 时，耕地生态足迹小于耕地生态承载力，区域耕地生态利用维持在其承载能力范围内，属于耕地生态受偿区，其值越大，耕地生态盈余程度越高；当 $R<0$ 时，耕地生态足迹大于耕地生态承载力，区域耕地生态利用过度，属于耕地生态补偿区，其绝对值越大，耕地生态超载程度越高。

在区域耕地生态服务价值及耕地供需分析基础上，计算得到 2020 年流域、地市及区县尺度下耕地生态超载指数、耕地生态外溢价值及支付类型（表 8-1）。

表 8-1　耕地生态外溢价值及支付类型

空间尺度	地区	耕地生态服务价值/(元/hm²)	耕地生态承载系数	耕地生态空间外溢价值/亿元	生态价值/亿元	生态价值外溢占比/%	支付类型
区县尺度	铁西区	8452.47	−1.0914	−1.02	0.94	−109.14	支付区
	铁东区	5882.19	−0.0141	−0.03	2.37	−1.41	支付区
	梨树县	21604.75	0.5040	27.32	54.21	50.40	受偿区
	伊通县	8190.56	0.2074	2.66	12.82	20.74	受偿区
	公主岭市	19641.64	0.3999	26.65	66.65	39.99	受偿区
	双辽市	14192.55	0.2470	7.56	30.59	24.70	受偿区
	龙山区	5142.33	−1.0902	−0.60	0.55	−109.02	支付区
	西安区	5245.51	−0.3879	−0.18	0.45	−38.79	支付区
	东辽县	11741.13	0.3656	5.08	13.89	36.56	受偿区
地市尺度	四平市	11457.74	0.3590	41.69	116.14	35.90	受偿区
	辽源市	10878.77	0.2601	3.89	14.97	26.01	受偿区
流域尺度	辽河流域	15998.08	0.3479	64.07	184.18	34.79	受偿区

2020 年流域耕地生态价值总量为 184.18 亿元，空间外溢价值为 64.07 亿元，空间外溢价值占生态价值总量的 34.79%，流域耕地生态价值显著，且有 1/3 的耕地生态价值外溢到流域外的其他区域，对流域外的生态产品与服务贡献显著。地市级尺度下，耕地生态价值总量及空间外溢价值相差悬殊，四平市耕地生态价值总量和外溢价值为 116.14 亿元和 41.69 亿元，外溢价值占比为 35.90%；辽源市耕地生态价值总量和外溢价值为 14.97 亿元和 3.89 亿元，外溢价值占比

为 26.01％。

区县尺度下，耕地生态价值总量最大的是公主岭市，其次是梨树县，价值总量分别为 66.65 亿元和 54.21 亿元；耕地生态空间外溢价值最大的为梨树县，其次为公主岭市，外溢价值分别为 27.32 亿元和 26.65 亿元；梨树县的耕地生态外溢价值占比高达 50.40％，梨树县耕地在发挥重要生态价值的同时，为其他区域提供至少 50％的生态服务，作为耕地生态价值及生态盈余量最大的区域，其在维护区域粮食安全、生态安全中占据主导地位；公主岭市外溢价值占比为 39.99％，同样处于较高的水平。双辽市、东辽县和伊通县的耕地生态价值总量为 30.59 亿元、13.89 亿元和 12.82 亿元，生态外溢价值分别为 7.56 亿元、5.08 亿元和 2.66 亿元，外溢价值占比分别为 24.70％、36.56％和 20.74％，均在不同程度上对其他区域的耕地生态消耗起到承载作用。

铁西区、铁东区、龙山区和西安区的耕地生态价值总量分别为 0.94 亿元、2.37 亿元、0.55 亿元和 0.45 亿元，生态外溢价值分别为 −1.02 亿元、−0.03 亿元、−0.60 亿元、−0.18 亿元，均为负值，不能满足自身需求，额外占用其他区域的耕地生态服务资源。

总体来看，不同区域耕地生态价值总量及生态外溢价值空间异质性显著，主要受制于地方资源禀赋与耕地的保护性耕种行为方式，同时，耕地生态保护政策及实施效果也对其产生一定影响，对耕地生态保护实施差别化的补偿措施具有一定可行性。

从耕地生态承载系数来看，流域耕地生态超载指数为 0.3479，四平市和辽源市耕地生态超载指数分别为 0.3590 和 0.2601；铁西区、铁东区、龙山区和西安区为负数，取值在 −1.0914～−0.0141 之间；其他区县均为正值，取值在 0.2074～0.5040 之间。流域属于耕地生态受偿区，接受相应的耕地生态补偿。四平市和辽源市均属于耕地生态受偿区，从各区县来看，梨树县、伊通县、公主岭市、双辽市和东辽县属于耕地生态受偿区；铁西区、铁东区、龙山区和西安区属于耕地生态支付区，需对其他区域进行耕地生态转移支付。

8.2　耕地生态补偿标准差异化模型

耕地生态补偿标准及制度若采用"一刀切"的方式，会降低补偿标准在区际及区间分配的合理性，从而削弱耕地生态补偿的效用与价值。因此，耕地生态补偿标准的制定理应在明确耕地生态补偿主体及区域耕地生态外溢价值的基础上，充分考虑地区实际耕地资源禀赋条件、社会经济发展阶段等关键因素，对耕地生态补偿额度进行修正，使支付区不会因为缴纳耕地生态支付资金而对地方财政造成严重的负担，使耕地生态受偿区因为受偿资金的使用，提高耕地生态保护的动力，加强耕地"三位一体"保护的效果。

耕地生态补偿额度的制定是以其耕地生态外溢效益为基础，耕地生态外溢价值充分考虑了粮食产量、播种面积、耕地利用过程中对农药、化肥等使用。在此基础上，各级地方政府因耕地保护责任的不同，利益也不同。承担过多耕地保护责任，会抑制区域产业结构转型与发展，发展财权受限，影响耕地保护动力。相比之下，承担耕地保护责任较少的区域具备更多的发展机会。耕地生态补偿作为平衡地方耕地保护事权与发展财权，实现区域统筹协调发展的重要手段，应充分考虑区域耕地保护事权的责任及发展财权的能力。

此外，由于区域社会发展阶段及经济发展速度的不同，人们对耕地生态系统服务价值的认知会随着经济社会的发展而不断提高，对耕地生态系统服务价值的支付意愿和能力也会随着生活水平的提高而增加，该认识过程和支付能力可以用皮尔生长曲线模拟，用恩格尔系数衡量人民生活水平和区域经济社会发展水平。对于地方政府来说，人均生产水平越高，其生态补偿的支付能力就越高。众多学者认为耕地生态补偿标准的制定需结合社会经济发展阶段等因素。

因此，将以上影响纳入耕地生态补偿中，以区域耕地生态外溢价值为基础，综合考虑区域社会发展阶段、经济发展差异、地方政府支付能力、耕地保护事权及发展财权等对耕地生态补偿的影响，针对不同空间尺度及区域差异，建立耕地生态补偿标准测算模型。

将流域作为一个整体的角度来考虑，在流域尺度下，其耕地保护生态外溢发生在流域之外，则流域耕地生态补偿标准计算公式为：

$$
ecs_r = \begin{cases} esv_r \times \dfrac{1}{1+e^{-\upsilon}} \times \dfrac{gdp_r}{gdp_{r0}} \times \dfrac{alpr_r}{alpr_{r0}}/A_r & (esv_r > 0) \\[3mm] esv_r \times \dfrac{1}{1+e^{-\upsilon}} \times \dfrac{gdp_r}{gdp_{r0}} \times \dfrac{alpf_r}{alpf_{r0}}/A_r & (esv_r < 0) \end{cases} \tag{8-3}
$$

式中　ecs_r——流域耕地生态补偿标准，元/hm^2；

　　　esv_r——流域整体耕地生态外溢价值，亿元；

　　　　υ——城镇居民与农村居民的综合恩格尔系数；

　　gdp_r——流域人均 GDP，元/人；

　　gdp_{r0}——全国人均 GDP，元/人；

　　$alpr_r$——流域耕地保护事权；

　　$alpf_r$——流域耕地发展财权；

　　$alpr_{r0}$——全国耕地保护事权；

　　$alpf_{r0}$——全国耕地发展财权；

　　　A_r——流域耕地面积，hm^2。

其中，耕地保护事权采用人均耕地保有面积（hm^2/人）进行表征，耕地发展财权采用人均财政支出（元/人）进行表征。

在流域范围内，耕地保护生态外溢发生在区域之间，则耕地生态补偿标准计算公式为：

$$ecs_i = \begin{cases} esv_i \times \dfrac{1}{1+e^{-v}} \times \dfrac{gdp_i}{gdp_{i0}} \times \dfrac{alpr_i}{alpr_r}/A_i & (esv_i > 0) \\[3mm] esv_i \times \dfrac{1}{1+e^{-v}} \times \dfrac{gdp_i}{gdp_{i0}} \times \dfrac{alpf_i}{alpf_r}/A_i & (esv_i < 0) \end{cases} \tag{8-4}$$

式中　ecs_i——流域内区域耕地生态补偿标准，元/hm²；

　　　esv_i——流域内区域耕地生态外溢价值，亿元；

　　　gdp_i——区域人均 GDP，元/人；

　　　gdp_{i0}——流域范围内各区域人均 GDP 的最大值，元/人；

　　　$alpr_i$——区域耕地保护事权；

　　　$alpf_i$——区域耕地发展财权；

　　　A_i——区域耕地面积，hm²。

耕地生态补偿优先级以补偿价值为标准核心，按照区域的实际需求最大化分配和利用补偿资金，避免补偿过量或补偿不足的问题，提高资金利用效率，使补偿资金的边际效用最大化。

通过单位面积耕地生态补偿标准占单位面积地区生产总值比例来衡量生态补偿优先级。补偿级别越高，越先受到补偿，因为这部分地区对经济需求较强，生态补偿在改善经济环境的同时有利于生态建设；补偿级别越低，越先支付补偿，因为这部分地区对补偿迫切度较低，生态补偿价值对地区生产总值影响甚微，财政压力较小。

$$EP = \frac{ecs}{GDP_d} \tag{8-5}$$

式中　EP——耕地生态补偿优先级；

　　　ecs——经生态补偿系数修正的耕地生态补偿标准，元/hm²；

　　　GDP_d——单位面积的地区生产总值，万元/hm²。

8.3　耕地生态补偿额度及补偿标准

根据耕地生态补偿标准差异化模型，得到流域耕地生态补偿修正系数（表 8-2）。

流域及各区域的耕地生态补偿系数均小于 1，表明考虑社会经济发展阶段、政府支付能力、耕地保护事权与发展财权等因素后，耕地生态补偿应采取不完全的补偿思路，以减少受偿区财政暴富概率及支付区的财政压力。

表 8-2　流域耕地生态补偿修正系数

空间尺度	地区	社会发展补偿系数	耕地保护事权补偿系数	耕地发展财权补偿系数	支付能力补偿系数	耕地生态补偿修正系数
区县尺度	铁西区	0.5720	—	0.2636	0.6871	0.1036
	铁东区	0.5716	—	0.4600	0.7244	0.1905
	梨树县	0.5757	1.3469	—	0.6423	0.4980
	伊通县	0.5758	1.1991	—	0.6822	0.4710
	公主岭市	0.5758	1.1376	—	0.9443	0.6186
	双辽市	0.5744	1.5000	—	0.7576	0.6527
	龙山区	0.5704	—	0.3121	1.0000	0.1780
	西安区	0.5704	—	0.4512	0.5613	0.1445
	东辽县	0.5760	1.2305	—	0.8513	0.6034
地市尺度	四平市	0.5748	1.0957	—	0.7974	0.5022
	辽源市	0.5728	0.6086	—	0.8576	0.2990
流域尺度	辽河流域	0.5744	3.2486	—	0.3668	0.6844

　　流域尺度下耕地生态补偿修正系数为 0.6844，由于耕地保护事权修正系数较大，为 3.2486，而社会发展阶段系数与支付能力补偿系数分别为 0.5744 和 0.3668，可以看出流域整体耕地保护事权的责任较大，而社会发展阶段和支付能力相对较小。

　　四平市和辽源市的耕地生态补偿修正系数分别为 0.5022 和 0.2990，其社会发展阶段系数与支付能力系数相差不大，由于四平市的耕地保护事权责任相对于辽源市较高，耕地保护事权补偿系数分别为 1.0957 和 0.6086，导致其整体系数相差较大。

　　铁西区、铁东区、龙山区和西安区的耕地生态补偿修正系数分别为 0.1036、0.1905、0.1780 和 0.1445，其值相比其他区域均较小，关键在于发展财权系数的影响。由于引入地方发展财权因素，以上区域地方财政支出相对于流域来说较小，因此其修正系数降低。修正系数降低将直接影响其需要支付的耕地生态补偿额度，导致支付额度的降低，对于缓解地方财政压力，提高耕地生态补偿的实际可操作价值具有一定的意义。其他各区县的耕地生态补偿修正系数介于 0.4710～0.6527 之间，且耕地保护事权补偿系数均大于 1，各县市的耕地保护责任均大于流域整体的耕地保护责任。

　　考虑社会发展差异、经济发展速度、政府支付能力、耕地保护事权及发展财权等因素，加大了耕地生态补偿修正系数的差异，可以使耕地生态受偿区得到应有的耕地生态补偿额度，激发其耕地生态保护的动力，使耕地生态支付区不会因为生态支付而对地方财政造成过重的负担，提高耕地生态补偿的实际可操作性。

结合耕地生态补偿修正系数及耕地生态外溢价值，得到流域耕地生态补偿额度及标准（表8-3）。

表 8-3　流域耕地生态补偿额度及标准

空间尺度	地区	耕地生态空间外溢价值/亿元	补偿系数	补偿额度/亿元	补偿额度占GDP比例/%	补偿标准/(元/hm²)	优先级	补偿方式
区县尺度	铁西区	−1.02	0.1036	−0.11	−0.13	−955.50	−0.21	横向转移支付
	铁东区	−0.03	0.1905	−0.01	−0.01	−15.85	−0.02	横向转移支付
	梨树县	27.32	0.4980	13.61	8.79	5422.99	12.34	横向与纵向受偿
	伊通县	2.66	0.4710	1.25	1.26	800.09	2.04	横向与纵向受偿
	公主岭市	26.65	0.6186	16.49	5.24	4858.44	6.39	横向与纵向受偿
	双辽市	7.56	0.6527	4.93	5.13	2288.33	7.37	横向与纵向受偿
	龙山区	−0.60	0.1780	−0.11	−0.11	−998.09	−0.26	横向转移支付
	西安区	−0.18	0.1445	−0.03	−0.10	−293.89	−0.20	横向转移支付
	东辽县	5.08	0.6034	3.06	3.34	2590.11	6.16	横向与纵向受偿
地市尺度	四平市	41.69	0.5022	20.94	2.56	2065.52	3.63	二级纵向受偿
	辽源市	3.89	0.2990	1.16	0.54	845.79	1.03	二级纵向受偿
流域尺度	辽河流域	64.07	0.6844	43.85	4.24	3808.92	6.27	一级纵向受偿

流域作为一个整体区域，耕地生态保护效益跨流域范围外溢，修正后，2020年流域耕地生态补偿额度为43.85亿元，由于流域人均耕地面积相较于全国人均耕地面积较高，因此由耕地保护事权的调整系数增加，导致流域耕地生态补偿额度的增加，对于流域跨市域范围的辖区，宜采用中央一级纵向转移支付的受偿方式，其补偿额度占区域GDP的4.24%，耕地生态补偿可以激发其耕地保护的热情和动力，同时不会由于接受补偿而出现地方财政暴富的现象。

四平市和辽源市的补偿额度分别为20.94亿元和1.16亿元，因均属于受偿区，其在流域辖区内，可以采用二级纵向受偿的补偿方式。而区县尺度下，鉴于其耕地生态服务价值和耕地生态供需的差异，必然引起流域范围内耕地生态保护差异化的响应措施和生态保护绩效，耕地生态补偿额度存在较大差异。

耕地生态保护补偿的主要受偿区集中在梨树县和公主岭市，耕地生态补偿额度分别为 13.61 亿元和 16.49 亿元，占区域 GDP 的比例较高，分别为 8.79％和 5.24％。梨树县与公主岭市一直是耕地生态外溢价值的核心区域，在流域范围内承担着更多的耕地生态保护责任，应作为耕地生态补偿的重点区域。双辽市、东辽县和伊通县的耕地生态补偿额度为 4.93 亿元、3.06 亿元和 1.25 亿元，占区域 GDP 的比例分别为 5.13％、3.34％和 1.26％，补偿方式宜采用横向与纵向受偿的方式。流域中下游作为流域耕地生态外溢价值的主要贡献区，必然是耕地生态受偿额度较大的区域。

耕地生态支付区集中在铁西区和龙山区，耕地生态支付额度分别为 0.11 亿元和 0.11 亿元，占 GDP 的比例分别为 0.13％和 0.11％，而铁东区和西安区的耕地生态支付额度较小，分别为 0.01 亿元和 0.03 亿元，占 GDP 的比例分别为 0.01％和 0.10％。该部分区域的人均财政支出相比于流域整体的人均财政支出较小，在补偿系数中，针对耕地发展财权的调整额度较大。经调整后，可以依据地区实际减少地方对于耕地补偿的财政压力，提高耕地生态补偿实际可操作性。

从耕地生态补偿标准来看，流域耕地生态补偿标准为 3808.92 元/hm²。四平市和辽源市耕地生态补偿标准分别为 2065.52 元/hm² 和 845.79 元/hm²。各区县耕地生态补偿标准相差较大，由于铁东区属于耕地生态供需平衡区域，耕地生态足迹与承载力相差很小，因此耕地生态补偿标准最低，为 -15.85 元/hm²；铁西区、龙山区和西安区的耕地生态补偿标准分别为 -955.50 元/hm²、-998.09 元/hm² 和 -293.89 元/hm²。耕地生态补偿标准最大的区域是梨树县，为 5422.99 元/hm²；其次为公主岭市，补偿标准为 4858.44 元/hm²；伊通县、双辽市和东辽县的补偿标准分别为 800.09 元/hm²、2288.33 元/hm² 和 2590.11 元/hm²。

从耕地生态补偿的优先级来看，梨树县的耕地生态优先级达到 12.34，远远高于其他区域，对耕地生态补偿资金的需求急迫性更强，是强劲的生态输出区，作为耕地生态补偿最优先的区域，属于耕地生态补偿第一梯队。公主岭市、双辽市、东辽县的耕地生态补偿优先级相差不大，作为耕地生态补偿第二梯队，伊通县的耕地生态补偿优先级相对较小，作为第三梯队。四平市比辽源市的耕地生态补偿优先。

针对受偿区进行耕地生态支付，可以进一步激发其耕地保护的行为，在保证耕地数量底线、质量提升的同时，采取更加绿色的耕作方式，降低其生态负外部性，从而提高耕地生态价值，争取更多的补偿额度，形成良性循环。针对耕地生态支付区，地方更应采取积极的应对措施，增加其耕地"三位一体"保护的动力，在耕地数量、质量及生态方面提高其供给能力，力争减少支付额度，转支付区为受偿区。

在传统耕地生态足迹模型和耕地生态价值核算方法的基础上，计算得到流域传统耕地生态补偿标准及额度（表8-4）。

表8-4　流域传统耕地生态补偿标准及额度

地区	单位耕地生态价值 /(元/hm²)	生态外溢价值 /亿元	补偿系数	补偿额度 /亿元	补偿标准 /(元/hm²)
铁西区	11529.39	−1.55	0.103 6	−0.16	−1444.94
铁东区	11421.83	1.87	0.180 8	0.34	837.82
梨树县	15755.61	24.48	0.498 0	12.19	4857.78
伊通县	9048.27	9.44	0.471 0	4.44	2839.82
公主岭市	12714.99	27.98	0.618 6	17.31	5099.81
双辽市	10224.21	14.94	0.652 7	9.75	4523.99
龙山区	7680.13	−0.98	0.178 0	−0.17	−1630.31
西安区	7397.51	−0.27	0.144 5	−0.04	−459.72
东辽县	12007.13	9.66	0.603 4	5.83	4928.65
四平市	12367.11	78.72	0.5022	39.53	3900.00
辽源市	11177.7	8.30	0.2990	2.48	1803.75
辽河流域	12 273.68	87.32	0.6844	59.76	5191.16

由结果可知，在未考虑耕地景观空间配置差异及耕地生活性足迹的情况下，流域耕地生态外溢价值为87.32亿元，耕地生态补偿标准为5191.16元/hm²，作为耕地生态补偿的受偿区，总补偿额度为59.76亿元。将流域作为一个整体，进行跨流域的耕地保护补偿。四平市和辽源市的耕地生态外溢价值分别为78.72亿元和8.30亿元，耕地生态补偿额度分别为39.53亿元和2.48亿元，补偿标准分别为3900.00元/hm²和1803.75元/hm²。

从各区县的结果来看，耕地生态外溢价值空间差异显著，公主岭市和梨树县的耕地生态外溢价值分别为27.98亿元和24.48亿元。伊通县、双辽市、东辽县和铁东区的耕地生态外溢价值分别为9.44亿元、14.94亿元、9.66亿元和1.87亿元。铁西区、龙山区和西安区的耕地生态外溢价值均为负值，分别为−1.55亿元、−0.98亿元和−0.27亿元。公主岭市、梨树县和双辽市的耕地补偿标准为5099.81元/hm²、4857.78元/hm²和4523.99元/hm²，受偿额度分别为17.31亿元、12.19亿元和9.75亿元，流域中下游作为流域耕地生态外溢价值的主要贡献区仍然是耕地生态受偿额度较大的区域。由于其耕地保护责任和义务的不同，耕地保护受偿的标准在流域范围内也存在较大的差异。东辽县、伊通县及铁东区的补偿标准分别为 4928.65 元/hm²、2839.82 元/hm² 和 837.82 元/hm²，受偿额度分别为 5.83 亿元、4.44 亿元和 0.34 亿元。铁东区耕地生态补偿标准最低，由于其耕地保护事权相对于其他区域来说较低，因此，由耕地保护事权确定的补偿系数较小。耕地生态补偿的支付区主要是铁西区、龙山区和西安区，耕地生态超载程度较大，应该主动承担本行政辖区外的耕地生态保护成本，补偿标准分别为 −1444.94 元/hm²、−1630.31 元/hm² 和 −459.72 元/ hm²，总支付额度分别为 0.16 亿元、0.17 亿元和 0.04 亿元。

8.4 耕地生态补偿机制

耕地生态补偿机制是为保护耕地生态系统、调节农业生产与生态保护之间利益关系而设计的一种经济激励制度。其核心目标是通过财政转移支付、市场交易或政策倾斜等方式，对因实施生态保护而利益受损的耕地经营者（如农民、集体经济组织等）进行合理补偿，同时对过度开发或污染耕地的行为征收生态费用，以实现耕地资源的可持续利用。健全流域耕地生态补偿机制，主要从耕地生态补偿标准、耕地生态补偿主体及责任、耕地生态补偿方式、耕地生态补偿资金来源及使用、耕地生态补偿保障措施等方面，维持耕地生态补偿的有效运行。

8.4.1 耕地生态补偿标准

基于生态系统服务价值理论、外部性理论、公共物品理论等，深化耕地生态价值内涵，统一耕地生态服务价值核算体系，制定耕地生态补偿标准，是耕地生态补偿的量化基础。耕地生态价值是耕地的非市场价值，可以根据耕地"三位一体"保护的逻辑，从耕地数量保护、质量保护及生态正负外部性的视角，建立流域多尺度耕地生态价值核算体系。同时，对于耕地生态价值的核算应充分考虑空间差异和尺度依赖的特点，根据不同区域耕地的数量、空间分布、质量差异、耕地利用过程中的生态负外部性，核算其生态价值。在此基础上，确定耕地生态价值在不同空间边界的外溢价值作为补偿的基数，初步计算补偿标准及额度。应结合区域的耕地资源禀赋条件和社会经济发展阶段确定补偿系数，进行耕地生态补偿的差别化设计。

8.4.2 耕地生态补偿主体及责任

耕地生态补偿的主体明确、责任清晰，是保障其有效运行的关键。基于耕地生态供给与需求角度识别耕地生态补偿的支付区与受偿区切实可行。当区域耕地生态供给大于需求时，则为受偿区；当耕地生态供给小于需求时，则为支付区。

耕地生态供给则为区域内可提供的生物生产性土地面积，而耕地生态需求应考虑耕地所发挥的生产、生活及生态功能。综合耕地生产性、生活性和生态性足迹，判断耕地生态需求，可以更全面地衡量区域耕地需求状况。

在确定耕地生态补偿主体的基础上，应明确耕地生态支付区与受偿区的责任。中央政府及支付区应承担相应的支付责任，根据耕地生态补偿标准，按时将耕地生态补偿资金足额地缴纳到专款账户。耕地生态受偿区应承担粮食安全、生态安全和耕地保护责任。农民作为直接的耕地利用者和耕地保护的主要执行者，一方面，可以将部分资金作为耕地利用者或组织的经济补贴，以激发其耕地保护热情，提高其耕地生产经营水平；另一方面，应将补偿资金用于耕地生态保护，提升耕地产出能力等方面，体现耕地生态保护的外部性内在化收益，提高耕地的可持续利用水平。

8.4.3 耕地生态补偿方式

采用政府与市场相结合的方式，从资金补偿、技术支持、税收优惠、人才服务等方面，创新耕地生态补偿方式。政府主导是耕地生态补偿实现的有效方式，在宏观尺度上，流域作为一个整体，其耕地生态价值外溢，接受中央政府的纵向经济补偿。在流域范围内，依据区域之间不同边界的外溢形式，应采用纵向与横向相结合的财政转移支付，实现耕地生态的精准补偿。同时，引入市场机制以增加耕地生态补偿的弹性。首先，在市场方面，支付区与受偿区直接进行市场要约，形成贸易关系，从而降低市场运用成本，提高运作效率。其次，通过提供就业机会、技术支持与培训等方式，形成区域之间的良性互动与利益共享。

尽管耕地生态补偿的额度及利益主体已经明确，但耕地作为具备公共物品属性的载体，耕地生态补偿涉及利益再分配的过程。在这个过程中，让支付区主动承担补偿费用的难度较大。同时，由于支付区与受偿区往往涉及较多地域，若采取支付主体与受偿主体进行一对一自主协调的方式成本较高，可执行力不强，且由于耕地生态受偿区的受偿额度与生态支付区的支付额度并不对等，不采取相应的协调方式，支付额度与受偿额度之间的差额无法弥补，会对耕地生态补偿的可操作性产生较大的影响。

因此，根据耕地生态补偿支付区与受偿区、支付额度与受偿额度，构建以中央、流域及地市管理平台为中介的耕地生态补偿财政转移支付网络，以协调支付区与受偿区之间的补偿差额及拨付受偿主体相应受偿资金等，流域耕地生态补偿财政转移路径如图8-2所示。

管理平台的主要职责为：对下一层级耕地生态补偿资金和支付资金的收缴和发放；对下一层级耕地生态补偿资金的使用进行监管；建立耕地生态补偿资金的专款专用账户，按照基金运行模式进行管理。

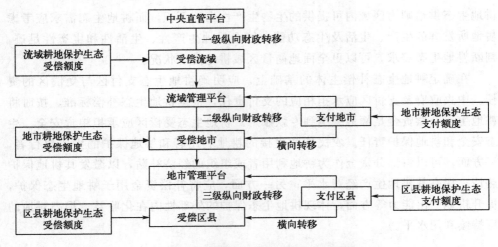

图 8-2 流域耕地生态补偿财政转移路径

具体的转移方式如下。在流域层面，由中央直管采用一级纵向财政转移进行补偿，相应的补偿资金进入专项监管账户。在地市层面，由管理平台根据耕地生态供需面积及耕地生态服务价值等，确定耕地生态支付地市及支付额度、生态受偿地市及受偿额度，支付地市将补偿资金缴纳到流域管理平台专用账户。通过流域管理平台的协调和统筹，确定受偿地市的补偿额度，并拨付相应的资金，实现地市耕地生态补偿之间的横向和纵向财政转移。同理，区县层面的财政转移也在地市管理平台的监管与协调下完成。由地市管理平台根据各区县的耕地生态供需面积及耕地生态服务价值等，确定耕地生态支付区县及支付额度、受偿区县及受偿额度，支付区县将补偿资金缴纳到地市管理平台专用账户，由地市管理平台确定受偿区县的受偿额度并进行资金拨付，实现区县耕地生态补偿之间的横纵向财政转移。

8.4.4 耕地生态补偿资金来源与使用

建立耕地生态补偿资金来源的长效机制，是维护生态补偿可持续的关键。建立耕地生态补偿资金来源的融资体系，一方面根据现有资金，从土地出让金、耕地占用税、耕地指标交易收益、耕地开垦费等款项中按照用途与比例纳入耕地生态补偿费专款账户；另一方面探索耕地生态效益税等征收，作为维护耕地生态服务所支付的保护费用，拓宽资金来源渠道。

对耕地生态补偿初期，支付区对耕地生态补偿的认知程度较低，受偿区对耕地生态保护和外部性的意识薄弱，耕地生态补偿的资金来源主要依靠由土地出让金、耕地占用税等按比例抽成，剩余不足的额度由政府财政补足。对耕地生态补偿中期，随着社会对耕地生态补偿认知程度的不断提高，可以按较低税率征收耕地生态效益税等，不足的部分由政府财政进行补充。对于耕地生态补偿后期，则应继续完善耕地生态效益税、耕地保护调节基金等，使其资金得到长效供给。

对于资金的使用，受偿地区应对耕地生态补偿资金的使用编制预算，详细列出使用范围及标准，补偿资金的使用应优先用于耕地数量、质量、生态的保护。政府根据耕地保护的实际需要，向耕地保护主体（如农民、村集体经济组织等）支付补偿金或补贴，以弥补其因保护耕地而遭受的经济损失。这些资金可以用于改善农民的生活条件，增强其生产能力。地方政府将部分生态补偿资金用于农田水利建设、土地整治、土壤改良等项目，以提升耕地的生产能力和生态功能。这些基础设施不仅能够提高农业生产的效率，还能改善农田生态环境，促进农业可持续发展。政府通过实施生态修复工程，恢复和改善受损的耕地生态系统。

8.4.5　耕地生态补偿保障措施

完善耕地生态补偿的相应法律法规，加快耕地生态补偿立法。完善的法律体系是耕地生态补偿工作顺利推进的基础。尽管我国相关法律法规中有一些条款涉及耕地生态补偿，但这些法规并未形成一个完整的法律框架，缺乏专门的法律规范，使得补偿工作的内容、标准、程序和责任等方面缺乏明确界定。从法律层面界定耕地生态补偿的主体及其相关责任、耕地生态补偿标准、耕地生态补偿资金的来源与使用用途及耕地生态补偿的方式等。

建立流域耕地生态保护联盟。流域耕地生态保护涉及多个地区、多个部门和多方利益，需要打破行政区域限制，加强统筹协调，形成保护合力。流域上下游、流域内跨行政区形成耕地生态保护联盟组织，作为生态补偿的常设机构，从而加强区域之间耕地保护的协作关系，通过整合资源、共享信息、协同行动，提升流域耕地生态保护水平，实现耕地质量提升、生态功能改善、农业可持续发展。

建立耕地生态监测预警机制。针对耕地生态问题，选择常规检测指标，采用大数据、互联网等平台，对耕地生态价值、耕地生态外部性等进行实时动态监测，一旦发现警情立马采取进行警情分析，并采取相应手段对其进行处理。建立应急监测系统，对社会关注的焦点和难点问题，组织开展应急监测工作，突出"快"字，响应快、监测快、成果快、支撑服务快，第一时间为决策和管理提供第一手的资料和数据支撑。

针对流域、流域内各区域的耕地生态补偿政策进行评估。通过对比相关研究发现，在对生态、经济和社会绩效评估中，2021 年，黄山市生态补偿政策综合绩效水平为 0.665，长江经济带的生态补偿效率达 0.81；2022 年，甘肃省生态补偿政策综合绩效水平为 0.63。进行生态补偿绩效评估十分必要，是衡量生态补偿政策实施效果的数据支撑。

为了保证评估结果的客观性和公正性，评估主体应具备独立性和专业性。可以考虑由政府部门、第三方评估机构、学术研究机构等多方共同参与，形成多元化的评估主体体系。建立流域及各区域的补偿政策绩效评估指标体系，包括生态效益指标，如耕地面积变化、土壤有机质含量、水土流失治理面积、生物多样性等；经济效益指标，如农民收入变化、农业产值变化、农业生产成本等；社会效益指标，如农民满意度、政策知晓率、社会稳定性等；政策执行效率指标，如资金使用效率、政策执行进度等。采取科学的方法和手段对其实施效果进行评估，对评估结果做好定期反馈工作，评估结果应及时反馈给政策制定者和执行者，以便其了解政策实施效果，及时调整和完善政策。同时，评估结果还可以为后续政策制定提供参考依据。

　　宣传教育是耕地生态补偿工作的重要保障措施之一。通过宣传教育，可以提高农民对耕地生态补偿的认识和意识，增强其参与补偿工作的积极性和主动性。宣传教育的内容包括耕地生态补偿的意义、补偿政策的具体内容、补偿标准、申请流程等。此外，还可以利用现代科技手段，通过互联网、手机 APP 等平台，向农民传播耕地生态保护的知识和技术，提高其科学种田和生态保护的技能。同时，宣传教育还应面向社会公众，增强全社会的生态保护意识。通过媒体、公众参与等方式，推动耕地生态补偿工作的公开透明，形成全社会共同关注和支持耕地生态保护的良好氛围。

第9章

结论与展望

9.1 主要结论

本书以吉林省辽河流域为例，利用耕地利用动态变化度、相对变化率、耕地转换频繁度、耕地利用转换矩阵及地形梯度等，分析 2000～2020 年间流域耕地数量及类型转换特征。应用景观格局指数，分析流域耕地景观格局演变特征及空间差异。从障碍层距地表深度、剖面构型等方面选取耕地质量提升限制因素，利用限制性指数模型计算不同限制因素的限制程度，分析流域耕地质量提升及不同耕地等别的核心限制因素。从耕地利用过程中农药、化肥、农膜的使用、耕地利用的碳排放量及水土流失量分析流域耕地的生态问题。

基于耕地数量、质量、生态"三位一体"的保护逻辑，考虑耕地作为重要的生态要素，其内部连通性、破碎度、集中度等空间配置差异对耕地所发挥生态效益的影响，采用相应耕地景观格局指数对流域、地市及区县不同空间尺度下耕地生态价值进行校核，建立以耕地数量及空间配置确定生态价值总量、耕地质量差异修正生态价值、耕地利用生态负外部性核减生态价值的多尺度耕地生态价值核算体系，分析 2000～2020 年流域耕地生态价值的时空分异特征。利用灰色关联度模型，从影响耕地生态价值的内驱力及外驱力角度出发，计算流域耕地生态价值与相关影响因素的关联度，分析流域及各区域耕地生态服务价值的核心影响因素，并提出耕地生态价值提升路径。

依据耕地的生产、生活和生态"三生"功能，将耕地生态足迹分为耕地生产性足迹、耕地生活性足迹和耕地生态性足迹，改进生态足迹模型，分析流域耕地生态足迹与耕地生态承载能力，确定耕地生态赤字与盈余量，借鉴生态供需平衡指数分析区域耕地生态供给和需求的空间差异。在判别流域及各区域耕地生态补偿的相关利益主体基础上，综合耕地生态可承载指数，确定不同尺度下耕地生态溢出价值，明确其外溢价值及边界，以区域耕地生态外溢价值为基础，综合考虑区域社会发展阶段、经济发展差异、地方政府支付能力、耕地保护事权及地方发展财权等对耕地生态补偿的影响，建立流域耕地生态补偿标准测算模型，计算流域、地市及区县的耕地生态补偿额度及标准，健全流域耕地生态补偿机制。主要结论如下。

① 流域主导的用地类型以耕地为主，流域内公主岭市和梨树县是主要的耕地贡献区。2000～2020 年间，流域耕地面积减少 39957.01hm²，其中 2010～2020 年间的减少幅度较大。流域耕地动态变化度为－0.15%，铁西区和龙山区的耕地变化动态度最大，耕地的流失速度最快，梨树县和公主岭市的耕地流失速度最慢。除公主岭市和双辽市耕地流失速度小于流域整体，其他区域耕地流失速度均高于流域。2000～2010 年间，流域耕地面积减少 5352.81hm²，流域范围内各区域耕地面积均呈减少趋势，东辽县和双辽市耕地面积减少幅度最大，流域耕地利用动态变化度是－0.04%，铁东区和东辽县耕地的年均流失速度最快，公主岭市和梨树县耕地的年均流失速度最小。除梨树县和公主岭市的耕地利用相对变化率<1，其他区域的耕地利用相对变化率均>1。2010～2020 年间，流域耕地面积减少 34604.2hm²，其中，梨树县耕地面积减少最显著，西安区变化幅度最小。流域耕地动态变化度为－0.27%，区域内耕地动态变化度较大的是铁西区和龙山区，公主岭市、东辽县和梨树县耕地的流失速度相对较慢。从耕地相对变化率来看，公主岭市、东辽县和双辽市的耕地相对变化率<1，其他区域均>1。

② 2000～2020 年间，流域耕地转为各用地类型面积的排序依次为建设用地＞草地＞林地＞水域＞湿地＞其他用地。各用地类型转为耕地排序依次为草地＞林地＞建设用地＞水域＞湿地＞其他用地。在耕地转出面积中，流域耕地转为建设用地的面积占绝大部分，建设用地扩张所占用的耕地主要通过草地和林地进行补充。各区域耕地与建设用地、林地和草地之间的转换较为频繁。2000～2010 年与 2010～2020 年间，耕地与草地、建设用地、林地之间的相互转换较为频繁，与湿地、水域及其他用地的转换面积较小。

③ 2000～2020 年间，流域耕地景观斑块数增加，斑块密度增大，斑块的形状趋于规整与简单，斑块的分离度增加，耕地景观的破碎度增加，在空间分布的集中程度减弱，受人类活动的干扰程度较大。流域内各区域耕地景观格局指数增减不一，空间差异显著。梨树县和公主岭市的耕地面积较大，斑块密度低，斑块的形状趋于简单和规则，耕地集中连片发展。龙山区的耕地斑块密度高，斑块形状较为复杂，耕地的破碎化较为严重。西安区耕地斑块数少，斑块密度大，破碎度较大。铁东区耕地斑块形状较为复杂，集中连片程度低。

④ 流域耕地平均等别为 10.33 等，等别偏低。区域耕地质量分布不均，梨树县、公主岭市和东辽县的耕地质量相对较好。流域耕地质量限制因素及限制程度存在差异，限制程度以中度限制为主，其面积占比为 84.97%，关键性限制因

素有土壤有机质、剖面构型、表层土壤质地、障碍层距地表深度、土壤 pH 值、排水条件和盐渍化程度。其次为轻度限制，面积占比为 10.66％，关键性限制因素有表层土壤质地、土壤有机质、障碍层距地表深度、土壤 pH 值和剖面构型。重度限制的面积占比最低，为 4.36％，关键性限制因素有排水条件、表层土壤质地、盐渍化程度和土壤 pH 值。

⑤ 流域耕地主要分布在高程 1 级和 2 级区域，高程 5 级耕地分布占比 2.78％。流域耕地仍然有"上山"的现象。一部分受地形限制，耕地资源禀赋先天的不足，另外部分原因在于耕地占补平衡制度的实施。耕地大部分分布在坡度 2°～8°，其次是位于 0°～2° 和 8°～15° 之间，介于 15°～25° 和 25°～65° 之间的仍有分布，坡耕地仍存在，耕地分布格局有待进一步优化。

⑥ 考虑在农业生产过程中农药、化肥、农膜等使用，以及农业机械及灌溉等应用过程中的碳排放量，2000～2020 年间，流域耕地碳排放量均有所增加，共增加 26963.84t，区域增加量的排序为公主岭市＞梨树县＞双辽市＞伊通县＞东辽县＞铁西区＞铁东区＞西安区＞龙山区。流域水土流失以水力侵蚀为主，在水力侵蚀中，轻度侵蚀占主要部分。其自然成因源于地形多为山地丘陵和漫川漫岗，土壤疏松，抗蚀能力弱，集中降雨对土壤的冲刷力强。从各区域水土流失情况来看，公主岭市水土流失面积最大，伊通县和东辽县水土流失面积次之，铁西区、铁东区、龙山区和西安区的水土流失面积相对较少，且均为水力侵蚀，无风力侵蚀。

⑦ 综合耕地数量及空间分布、耕地质量差异及耕地生态负外部性，可以满足流域多尺度耕地生态价值核算的要求，引入耕地景观空间配置修正系数、耕地质量调整系数及核减生态负外部性后，不同尺度下耕地保护生态价值均有所调整，考虑耕地空间配置及质量差异，可以将尺度效应的影响纳入耕地生态价值核算中。2000 年流域耕地生态价值为 4215.11 元/hm²，辽源市耕地生态价值高于四平市。从各区县的结果来看，梨树县耕地生态价值最大，其次是公主岭市，铁西区、铁东区、龙山区和西安区耕地生态价值普遍较低，各区县耕地生态价值差异较大。流域耕地生态负向价值为 1500.64 元/hm²，占流域耕地生态价值的 1/3 以上，其是耕地生态价值核算过程中不容忽视的一部分，由化肥过量使用产生的负向价值最大。2010 年流域耕地生态价值为 20422.98 元/hm²。四平市耕地生态价值高于辽源市。从各区县结果来看，梨树县耕地生态价值最大，其次是公主岭市，铁西区、铁东区、龙山区和西安区耕地生态价值较低，均在 6330.86 元/hm² 以下，空间部分特征与 2000 年相似。流域耕地生态负向价值为 2619.42 元/hm²，化肥使用量的增加，给耕地生态环境造成严重的影响，大大削弱了其耕地生态价值。2020 年流域耕地生态价值为 15998.08 元/hm²，生态效益显著，流域耕地不仅保障区域粮食安全，同样提供了重要的生态产品与服务，但由于耕地不友好的

利用行为而带来的生态负面价值同样较大，流域耕地生态负面价值为3209.19元/hm²，占耕地生态价值总量的20.06%。流域中下游区域单位面积平均耕地生态价值是上游的2倍以上，流域中下游区域的耕地生态价值远超过上游区域，中下游是耕地生态价值的主要贡献区域。四平市耕地生态价值及生态负向价值高于辽源市。各区县耕地生态价值及生态负向价值差异较大，其中梨树县耕地生态价值最大，其次是公主岭市。

⑧ 从耕地生态价值分布的空间差异来看，2000～2020年间，梨树县和公主岭市的生态服务价值均最大。梨树县作为全国粮食生产先进县、国家重点商品粮基地县，农业基础雄厚，其秸秆还田加免耕播种的梨树模式得到全国的推广。公主岭市同样为全国重要的商品粮基地，证明其保护性的耕作方式对于提高耕地生态价值具有重要的意义。伊通县、双辽市和东辽县耕地生态价值位于中值区。相比之下，龙山区、西安区、铁西区和铁东区的耕地生态价值普遍偏低。总体来看，流域耕地生态价值在耕地数量及空间分布、质量及生态保护行为的影响下，空间差异显著。流域中下游耕地生态价值远高于上游区域，西北区域耕地生态价值高于东南区域。

⑨ 2000～2020年，流域的耕地生态服务价值先增加后减少，整体呈增长趋势，耕地生态服务价值逐渐显现，流域耕地生态保护绩效较为显著。2010年耕地生态价值达到峰值，主要受粮食单产等影响。在地市尺度，四平市耕地生态服务价值先增加后减少，辽源市耕地生态服务价值有小幅度减少。在区县尺度，耕地生态价值呈波动变化特征，铁西区、铁东区和龙山区在逐年增加，梨树县、伊通县、公主岭市、双辽市和西安区的耕地生态价值先增加后减少，整体呈增长趋势。

⑩ 2000年各因素对耕地生态价值的影响大小排序为：农业产值＞粮食单产＞耕地面积＞农药使用量＞化肥使用量＞农膜覆盖面积＞农民人均收入。2010年各因素对耕地生态价值的影响大小排序为：耕地面积＞农业产值＞粮食单产＞化肥使用量＞农膜覆盖面积＞农药使用量＞农民人均收入。2020年各因素对耕地生态价值的影响大小排序为：耕地面积＞粮食单产＞农民人均收入＞农业产值＞农药使用量＞化肥使用量＞农膜覆盖面积。

整体来看，耕地面积和粮食单产对耕地生态价值的影响逐渐加强，农民人均收入和农业产值次之，而耕地的负外部性因素对耕地生态价值的影响最弱。耕地数量底线是维护耕地生态价值总量的关键所在，耕地面积及粮食单产的增加将直接对耕地生态价值产生促进作用。农业产值和农民人均收入的增长会增加农民的生态环保意识及农业的现代化投入，将对耕地生态价值起到一定的促进作用，农业经济因素不是影响耕地生态价值的首要因素，说明目前流域耕地生态价值的实现机制还不完善。农药、化肥等产生的负向价值不能忽视，合理减少耕地生态负外部性将有助于耕地生态价值的提升。同时，各驱动因素对流域各区域耕地生态价值的影响大小存在明显差异。

⑪ 通过对耕地生态价值的影响因素分析可以发现耕地生态价值的提高主要有两个方面的路径：一是提升耕地生态价值的内在动力，其在于完善耕地生态价值实现机制，使供给主体得到充分的剩余价值，使其自发地产生相应行为，提高耕地生态产品的供给能力；二是在内驱力驱使下通过增加耕地生态正向价值、减少耕地生态负向价值等行为，提高耕地生态价值的生产规模和效率，最终实现耕地生态价值的提高。

⑫ 基于耕地"三生"功能，流域耕地生态足迹为 90.82 万公顷。四平市耕地生态足迹远高于辽源市，生态足迹分别为 79.25 万公顷和 11.57 万公顷。从各区县的结果来看，公主岭市和梨树县生态足迹较大，铁西区、铁东区、龙山区和西安区的耕地生态足迹较小。从各区域耕地"三生"性足迹的比较结果来看，区域整体耕地生活性足迹＞耕地生产性足迹＞耕地生态性足迹，耕地发挥社会保障功能，保障区域内农民生活所需的耕地面积最大，而人类从事农业活动过程中所产生的废弃物对耕地的占用和消耗最小。其中，公主岭市和梨树县的耕地生产性足迹、生活性足迹和生态性足迹始终保持前两名，属于高值区；双辽市、伊通县和东辽县的耕地"三生"性足迹位于中值区；铁西区、铁东区、龙山区和西安区的耕地"三生"性足迹位于低值区。区域耕地生态足迹呈现明显的差异性。

⑬ 流域耕地生态承载力为 139.27 万公顷，其耕地具有较强的承载功能。四平市和辽源市耕地生态承载力分别为 123.63 万公顷和 15.64 万公顷，四平市明显高于辽源市。从各区县结果来看，公主岭市耕地生态承载力最大，其次为梨树县和双辽市，最小的为西安区和龙山区。总体呈"北高南低"的空间格局，与生态足迹存在空间一致性，与区域主体功能定位相符合。

⑭ 2020 年，流域耕地存在生态盈余，盈余量为 48.45 万公顷，流域整体耕地的生产、生活和生态功能方面，均能满足自身的需求，均属于盈余区。四平市的耕地生态盈余量为 44.38 万公顷，辽源市的耕地生态盈余量为 4.07 万公顷。在区县尺度，耕地生态盈余量的大小依次为梨树县＞公主岭市＞双辽市＞东辽县＞伊通县，生态赤字量的排序为铁西区＞龙山区＞西安区＞铁东区。梨树县和公主岭市是流域范围内耕地生态空间的主要外溢区，龙山区和铁西区是流域范围内耕地生态空间的主要消耗区。各区县的耕地生态供需空间差异显著，整体表现出"县（市）盈余、区赤字"的特征。

耕地的生产性盈余量大小依次为公主岭市＞梨树县＞双辽市＞伊通县＞东辽县＞铁东区，而生产性赤字量的排序为铁西区＞龙山区＞西安区，铁西区、龙山区和西安区的粮食产量不足以维持本区域内的人口，耕地的可持续性差，需要从其他盈余区进行补充。耕地的生活性盈余量大小依次为梨树县＞公主岭市＞双辽市＞东辽县＞伊通县，而生活性赤字量的排序为西安区＞龙山区＞铁东区＞铁西区，从耕地社会保障功能的角度，西安区、龙山区、铁东区和铁西区的耕地资源不足以维持本区域农民的社会保障功能。耕地的生态性均存在盈余，不存在赤字区域，其盈余量大小的排序为公主岭市＞梨树县＞双辽市＞伊通县＞东辽县＞铁东区＞龙山区＞铁西区＞西安区。

流域的耕地生态供需指数为 0.6521，属于耕地生态高度盈余，流域对区域内和区域外的耕地生态都起到较强的承载作用。四平市属于耕地生态高度盈余区，辽源市属于耕地生态盈余区。梨树县、公主岭市和东辽县属于高度盈余区，双辽市和伊通县属于盈余区，铁东区属于平衡区域，西安区属于超载区，铁西区和龙山区属于严重超载区。流域耕地生态供需情况呈"北盈南亏，梯次递进"的空间分布特征，空间差异显著。

⑮ 2020 年，流域耕地生态价值外溢明显，外溢价值为 64.07 亿元，约占生态价值总量的 1/3，为其他区域提供了额外的生态产品与服务。地市级尺度下，耕地生态价值总量及空间外溢价值相差悬殊。区县尺度下，耕地生态价值总量最大的是公主岭市，其次是梨树县；耕地生态空间外溢价值最大的为梨树县，其次为公主岭市。铁西区、铁东区、龙山区和西安区的耕地生态外溢价值均为负值，不能满足自身需求，额外占用其他区域的耕地生态服务资源。流域属于耕地生态受偿区，接受相应的耕地生态补偿。四平市和辽源市均属于耕地生态受偿区。从各区县来看，梨树县、伊通县、公主岭市、双辽市和东辽县属于耕地生态受偿区；铁西区、铁东区、龙山区和西安区属于耕地生态支付区，需对其他区域进行耕地生态转移支付。

⑯ 综合考虑区域社会发展阶段、经济发展差异、地方政府支付能力、耕地保护事权及地方发展财权等对耕地生态补偿的影响，2020 年，流域耕地生态补偿额度为 43.85 亿元，对于流域跨市域范围的辖区，宜采用中央一级纵向转移支付的受偿方式。四平市和辽源市的补偿额度分别为 20.94 亿元和 1.16 亿元，因均属于受偿区，采用二级纵向受偿的补偿方式。而区县尺度下，梨树县和公主岭市耕地生态补偿额度分别为 13.61 亿元和 16.49 亿元，是耕地生态补偿的重点区域。双辽市、东辽县和伊通县的耕地生态补偿额度为 4.93 亿元、3.06 亿元和 1.25 亿元，补偿方式宜采用横向与纵向受偿的方式。耕地生态支付区集中在铁西区和龙山区，支付额度均为 0.11 亿元，铁东区和西安区的耕地生态支付额度较小，分别为 0.01 亿元和 0.03 亿元。从耕地生态补偿标准来看，流域耕地生态补偿标准为 3808.92 元/hm²。四平市和辽源市耕地生态补偿标准分别为 2065.52 元/hm² 和 845.79 元/hm²。各区县耕地生态补偿标准相差较大，介于 -998.09～5422.99 元/hm² 之间。

耕地生态补偿机制的建立应紧紧围绕耕地生态补偿标准、补偿主体及责任、补偿方式、补偿资金的来源与使用、补偿保障措施等方面，保证耕地生态补偿的有效运行。

9.2 展望

科学且全面地测算耕地生态价值，是进行耕地生态补偿的前提。目前，国内外对于耕地保护生态价值及补偿标准等相关研究，多基于生态系统服务理论、外部性理论、公共物品理论及效用价值理论等，主要采用谢高地提出的当量因子法，根据我国陆地生态系统单位面积服务价值表进行耕地生态价值测算，部分学者在此基础上利用物价指数、粮食单产、耕地复种指数等进行了适当的修正与改进；或采用市场替代法，找到某种有市场价格的替代物来间接衡量耕地生态系统的供给、调节、支持和文化功能等没有市场价格的环境物价值，如替代工程法、机会成本法、影子价格法等；或基于条件值评估法，多以问卷调查为基础，通过模拟市场来揭示消费者（市民和农民）对耕地生态功能价值的认知情况，推导出消费者对耕地生态效益的支付意愿或受偿意愿，从而得到耕地作为公共物品的非经济价值。

相关研究量化区域不同空间尺度下的耕地生态价值，忽略了耕地作为重要生态要素，其内部空间配置差异对所发挥生态价值的影响，从而对多尺度的耕地生态价值核算只做简单加和处理，研究结果有待进一步完善。引入景观格局指数，建立以耕地数量及空间配置计算耕地生态价值总量、考虑耕地质量差异修正耕地生态价值以及对耕地生态负向价值进行核减的流域多尺度耕地生态价值核算体系，可以更加全面地分析流域耕地生态价值的空间差异特征。

针对测算结果，对比刘利花、崔宁波等近几年针对中国省域及东北地区的耕地生态补偿标准及额度的测算研究，从吉林省耕地生态价值来看，其取值在 6875.83～17424 元/hm² 之间，差异较大，流域耕地生态价值大部分位于其区间范围内，由于考虑耕地景观空间配置差异，纳入尺度效应等影响，流域耕地生态价值的差异加大。

根据外部性理论及公共物品理论等，耕地作为特殊的生态空间具有显著的外部性，且其外部效益具有跨区域的特征及非排他性和非竞争性的特点，导致耕地生态保护的受益主体与责任主体之间时常错位，降低耕地生态保护热情。判别耕地生态补偿的利益主体，界定耕地生态补偿的支付区与受偿区是进行精准补偿的关键内容。探究耕地生态供需差异是进行耕地生态补偿的前提，相关研究在衡量耕地供需时，大多采用传统生态足迹模型、能值法、三维生态足迹模型等，考虑耕地作为粮食生产的载体，人类所获取的各种农产品对耕地的占用与消耗，从而折算出耕地的生物资源足迹，即为耕地生产性足迹，耕地不仅发挥着重要的生产功能，其生活及生态功能同样占据重要地位。因此，流域耕地生态足迹的计算应充分考虑耕地所发挥的生产、生活和生态功能，以耕地的"三生"功能为基础，开展流域尺度下耕地生态供给和需求的空间差异分析，为耕地供需等相关研究提供新视角，同时为流域范围内耕地生态补偿等相关政策的制定提供科学依据。

制定差异化耕地生态补偿标准是进行耕地生态补偿的核心内容。相关研究表明，直接将耕地保护生态价值作为耕地生态补偿标准会超出地区实际支付能力，从而降低耕地生态补偿的实际可操作性。在耕地生态补偿标准制定等方面，多以耕地生态价值及耕地供需差异为基础，引入耕地生态超载指数、社会经济发展程度、人民生活水平、耕地保护事权与财权等指标，对其进行修正的基础上，制定耕地生态补偿标准。或考虑耕地保护的机会损失成本，以耕地转化成建设用地带来的收益，包括土地出让金及各项税收来确定其补偿标准。

耕地生态补偿受耕地生态功能认知水平、耕地保护责任、政府支付能力及社会发展阶段等综合影响，具有显著的空间异质性与尺度依赖效应，忽略以上相关因素将降低耕地生态补偿的有效性，损害耕地生态效益。

因此，应充分考虑以上相关因素，建立差别化的耕地生态补偿标准。目前吉林省尚未出台耕地生态补偿的相关实践标准，相关研究确定的补偿标准及补偿额度相差较大，充分考虑地区实际建立补偿标准测算模型，研究成果对于建立耕地生态补偿机制具有一定的参考价值。

虽然在耕地生态补偿研究的基础上，取得了一系列的研究成果，但鉴于研究水平和资料收集等方面的限制，本书尚存在诸多不足之处，需在今后研究工作中不断完善，作为下一步的研究重点与方向。

① 基于耕地数量及空间分布、耕地质量差异及耕地生态负外部性建立耕地生态价值核算体系，忽略了耕地类型的差异对其生态价值产生的影响，如耕地中水田、旱地及水浇地所发挥的生态价值应不同，应充分考虑其类型及种植结构的差异建立耕地生态价值核算体系，明确流域耕地生态价值的时空特征作为下一步的研究重点与方向。

② 在分析耕地生态价值影响因素时，从耕地生态价值的内驱力和外驱力两个角度进行影响因素分析，但耕地生态价值受众多自然及人文因素的影响，应选取更加全面的影响因素，且对影响因素的作用方向和作用方式进行分析是探究其对耕地生态价值作用机制的关键。

③ 对于耕地生产性足迹、生活性足迹和生态性足迹的科学准确表达是判定区域耕地生态供需差异的基础。区域粮食安全不仅受制于区域内的粮食生产能力，同样受区域间市场流动的影响，应将区域间粮食进出口等因素纳入耕地生态

供需平衡分析中，以期更加准确地把握耕地生态供给与需求。

④ 耕地生态补偿涉及众多的利益主体，在建立差异化补偿标准模型时考虑地区社会经济发展、耕地保护事权、发展财权等因素，对于微观主体如农民的支付意愿、受偿意愿等应直接体现在模型中，综合相关主体的意愿建立差异化的补偿标准模型，以提高补偿的实践性。

参考文献

[1] Common M, Krutilla J V, Natural environments. Studies in theoretical and applied analysis [J]. Economic Journal, 2011, 83 (332): 1332.

[2] Costanza R, De Groot R, Sutton P C, et al. Changes in the global value of ecosystem services [J]. Global Environmental Change, 2014, 26: 152-158.

[3] Ding Z, Yao S. Theory and valuation of cross-regional ecological compensation for cultivated land: A case study of Shanxi province, China [J]. Ecological Indicators, 2022, 136: 108609.

[4] Fenta A A, Tsunekawa A, Haregeweyn N, et al. Cropland expansion outweighs the monetary effect of declining natural vegetation on ecosystem services in sub-Saharan Africa [J]. Ecosystem Services, 2020, 45: 101154.

[5] Hu X, Dong C, Zhang Y. Dynamic evolution of the ecological footprint of arable land in the Yellow and Huaihai Main grain producing area based on structural equation modeling and analysis of driving factors [J]. Ecological Informatics, 2024, 82: 102720.

[6] Kandil R A, Sarhan A, Abdel Galil R E. Analysis of ecological balance issue for the built-up land and cropland footprints in Alexandria City, Egypt during this time-series (2005-2019) [J]. International Journal of Sustainable Development and Planning, 2020, 15 (6): 911-920.

[7] Ke X, Zhou Q, Zuo C, et al. Spatial impact of cropland supplement policy on regional ecosystem services under urban expansion circumstance: A case study of Hubei Province, China [J]. Journal of Land Use Science, 2020, 15 (5): 673-689.

[8] Li M, Zhou Y, Wang Y, et al. An ecological footprint approach for cropland use sustainability based on multi-objective optimization modelling [J]. Journal of Environmental Management, 2020, 273: 111147.

[9] Liu M, Zhang A, Zhang X, et al. Research on the Game Mechanism of Cultivated Land Ecological Compensation Standards Determination: Based on the Empirical Analysis of the Yangtze River Economic Belt, China [J]. Land, 2022, 11 (9), 1583.

[10] Liu X, Lynch L. Do agricultural land preservation programs reduce farmland loss? Evidence from a propensity score matching estimator [J]. Land Economic, 2011, 87 (2): 183-201.

[11] Moore D W, Booth P, Alix A, et al. Application of ecosystem services in natural resource management decision making [J]. Integrated Environmental Assessment and Management, 2017, 13 (1): 74-84.

[12] Niu J, Mao C, Xiang J. Based on ecological footprint and ecosystem service value, research on ecological compensation in Anhui Province, China [J]. Ecological Indicators, 2024, 158: 111341.

[13] Park R E, Burgess E W. Introduction to the Science of Sociology [M]. Chicago: University of Chicago Press, 1924.

[14] Qiao B, Zhu C X, Cao X Y, et al. Spatial autocorrelation analysis of land use and ecosystem service value in Maduo County, Qinghai Province, China at the grid scale [J]. The Journal

of Applied Ecology, 2020, 31 (5): 1660-1672.

[15] Rees W E. Ecological footprint and appropriated carrying capacity: What urban economics eaves out [J]. Environment and Urbanization, 1992, 4 (2): 121-130.

[16] Sannigrahi S, Pilla F, Zhang Q, et al. Examining the effects of green revolution led agricultural expansion on net ecosystem service values in India using multiple valuation approaches [J]. Journal of Environmental Management, 2021, 277: 111381.

[17] Su D, Wang J, Wu Q, et al. Exploring regional ecological compensation of cultivated land from the perspective of the mismatch between grain supply and demand [J]. Environment, Development and Sustainability, 2023, 25 (12): 14817-14842.

[18] Wackernagel M, Rees W E. Perceptual and structural barriers to investing in natural capital: economics from an ecological footprint perspective [J]. Ecological Economics, 1997, 20 (1): 3-24.

[19] Wallace K J. Classification of ecosystem services: Problems and solutions [J]. Biological Conservation, 2007, 139 (3-4): 235-246.

[20] Wang G, Xiao C, Qi Z, et al. Development tendency analysis for the water resource carrying capacity based on system dynamics model and the improved fuzzy comprehensive evaluation method in the Changchun city, China [J]. Ecological Indicators, 2021, 122: 107232.

[21] Wang K, Ou M, Wolde Z. Regional differences in ecological compensation for cultivated land protection: An analysis of Chengdu, Sichuan Province, China [J]. International Journal of Environmental Research and Public Health, 2020, 17 (21): 8242.

[22] Wang L, Faye B, Li Q, et al. A spatio-temporal analysis of the ecological compensation for cultivated land in northeast China [J]. Land, 2023, 12 (12): 2179.

[23] Wells G J, Stuart N, Furley P A, et al. Ecosystem service analysis in marginal agricultural lands: A case study in Belize [J]. Ecosystem Services, 2018, 32: 70-77.

[24] You H M, Han J L, Pan D Z, et al. Dynamic evaluation and driving forces of ecosystem services in Quanzhou bay estuary wetland, China [J]. The Journal of Applied Ecology, 2019, 30 (12): 4286-4292.

[25] Zhang J, Zhang A, Song M. Ecological benefit spillover and ecological financial transfer of cultivated land protection in river basins: A case study of the yangtze river economic belt, China [J]. Sustainability, 2020, 12 (17): 7085-7085.

[26] Zhang Q, Song C, Chen X. Effects of China's payment for ecosystem services programs on cropland abandonment: A case study in Tiantangzhai Township, Anhui, China [J]. Land Use Policy, 2018, 73: 239-248.

[27] Zhang S, Hu W, Zhang J, et al. Mismatches in suppliers' and demanders' cognition, willingness and behavior with respect to ecological protection of cultivated land: Evidence from Caidian District, Wuhan, China [J]. International Journal of Environmental Research and Public Health, 2020, 17 (4): 1156.

[28] Zhong X, Guo D, Li H. Quantitative assessment of horizontal ecological compensation for cultivated land based on an improved ecological footprint model: A case study of Jiangxi

Province，China［J］．International Journal of Environmental Research and Public Health，
2023，20（5）：4618.

［29］庇古．福利经济学［M］．施箐，等译．上海：上海译文出版社，2022.

［30］蔡银莺，余亮亮．重点开发区域农田生态补偿的农户受偿意愿分析——武汉市的例证［J］．
资源科学，2014，36（8）：1660-1669.

［31］曹瑞芬，张安录，万珂．耕地保护优先序省际差异及跨区域财政转移机制：基于耕地生态
足迹与生态服务价值的实证分析［J］．中国人口·资源与环境，2015，25（8）：34-42.

［32］崔宁波，生世玉，方袁意如．粮食安全视角下省际耕地生态补偿的标准量化与机制构建［J］．
中国农业大学学报，2021，26（11）：232-243.

［33］崔宁波，生世玉．基于公平视角的耕地生态补偿标准量化研究［J］．水土保持通报，2021，
41（1）：138-143.

［34］党昱譞，孔祥斌，温良友，等．中国耕地生态保护补偿的省级差序分区及补偿标准［J］．
农业工程学报，2022，38（6）：254-263.

［35］邓元杰，侯孟阳，谢怡凡，等．退耕还林还草工程对陕北地区生态系统服务价值时空演变
的影响［J］．生态学报，2020，40（18）：6597-6612.

［36］丁振民，姚顺波．陕西省耕地转移对生态系统服务价值的影响［J］．资源科学，2019，41
（6）：1070-1081.

［37］冯黎妮，许晓婷，韩申山．基于粮食安全与生态安全视角的陕西省耕地保护经济补偿模式［J］．
湖北农业科学，2024，63（10）：240-244.

［38］付伟，徐媛媛，王福利，等．中国省域农田生态系统碳足迹时空演变分析［J］．生态经
济，2024，40（1）：88-94.

［39］高汉琦，牛海鹏，方国友，等．基于CVM多情景下的耕地生态效益农户支付/受偿意愿分
析——以河南省焦作市为例［J］．资源科学，2011，33（11）：2116-2123.

［40］高攀，梁流涛，刘琳轲，等．基于虚拟耕地视角的河南省县际耕地生态补偿研究［J］．农
业现代化研究，2019，40（6）：974-983.

［41］葛颖，徐崇森，李坦．农户视角下耕地生态服务保护补偿意愿研究［J］．云南农业大学学
报（社会科学），2020，14（5）：104-111.

［42］谷国政，宋戈．辽宁省耕地多功能演变及其价值响应研究［J］．中国土地科学，2022，36
（12）：103-116.

［43］郭慧，董士伟，吴迪，等．基于生态系统服务价值的生态足迹模型均衡因子及产量因子测
算［J］．生态学报，2020，40（4）：1405-1412.

［44］韩杨．中国耕地保护利用政策演进、愿景目标与实现路径［J］．管理世界，2022，38
（11）：121-131.

［45］洪顺发，郭青海，李达维．基于生态足迹理论的中国生态供需平衡时空动态［J］．资源科
学，2020，42（5）：980-990.

［46］金晓彤．基于粮食与生态双安全视角的东北黑土区耕地生态补偿研究［D］．吉林：吉林
大学，2024.

［47］靳亚亚，柳乾坤，李陈．基于改进三维生态足迹模型的耕地承载力评价——以江苏省为例［J］．
中国土地科学，2020，34（9）：96-104.

[48] 靳亚亚，赵凯，肖桂春．陕西省耕地保护经济补偿分区研究：基于粮食安全与生态安全双重视角 [J]．中国土地科学，2015，29（10）：12-19.

[49] 李冬玉，任志远，刘宪锋，等．陕西省耕地生态系统服务价值动态测评 [J]．干旱区资源与环境，2013，27（7）：40-45.

[50] 李国平，刘生胜．中国生态补偿 40 年：政策演进与理论逻辑 [J]．西安交通大学学报（社会科学版），2018，38（6）：101-112.

[51] 李明鸿，卢辞．基于参数调整的山东生态足迹时空演变研究 [J]．西南林业大学学报（社会科学），2023，7（3）：66-74.

[52] 李明琦，刘世梁，武雪，等．云南省农田生态系统碳足迹时空变化及其影响因素 [J]．生态学报，2018，38（24）：8822-8834.

[53] 李蕊，王园鑫．粮食安全视域下耕地生态补偿的法治化进路研究 [J]．河南师范大学学报（哲学社会科学版），2024，51（1）：53-60.

[54] 李霜，聂鑫，张安录．基于生态系统服务评估的农地生态补偿机制研究进展 [J]．资源科学，2020，42（11）：2251-2260.

[55] 李瑶，杨庆媛，王文鑫，等．基于耕地利用效益的耕地保护补偿标准研究——以重庆市为例 [J]．西南大学学报（自然科学版），2024，46（10）：30-45.

[56] 梁流涛，高攀，刘琳轲．区际农业生态补偿标准及"两横"财政跨区域转移机制——以虚拟耕地为载体 [J]．生态学报，2019，39（24）：9281-9294.

[57] 梁流涛，祝孔超．区际农业生态补偿：区域划分与补偿标准核算——基于虚拟耕地流动视角的考察 [J]．地理研究，2019，38（8）：1932-1948.

[58] 刘利花，蔡英谦，刘向华．习近平生态文明思想指引下的耕地生态补偿机制构建 [J]．中国农业资源与区划，2024，45（3）：59-68.

[59] 刘利花，刘向华，杨洁．粮食安全视角下的耕地生态补偿标准研究 [J]．学习与实践，2020（8）：38-47.

[60] 刘利花，杨彬如．中国省域耕地生态补偿研究 [J]．中国人口·资源与环境，2019，29（2）：52-62.

[61] 刘利花，张丙昕，刘向华．粮食安全与生态安全双视角下中国省域耕地保护补偿研究 [J]．农业工程学报，2020，36（19）：252-263.

[62] 刘玲，林佳壕．基于当量因子法的福建省耕地生态补偿标准研究 [J]．台湾农业探索，2023（2）：30-37.

[63] 刘某承，李文华，谢高地．基于净初级生产力的中国生态足迹产量因子测算 [J]．生态学杂志，2010，29（3）：592-597.

[64] 刘思峰．灰色系统理论及其应用 [M]．北京：科学出版社，2010.

[65] 刘祥鑫，蒲春玲，刘志有，等．区域耕地生态价值补偿量化研究——以新疆为例 [J]．中国农业资源与区划，2018，39（5）：84-90.

[66] 刘向南，张若嫣．耕地生态补偿问题研究进展：运行机制与政策实践 [J]．生态经济，2024，40（9）：104-111.

[67] 马爱慧，蔡银莺，张安录．基于选择实验法的耕地生态补偿额度测算 [J]．自然资源学报，2012，27（7）：1154-1163.

[68] 马文博，李世平．基于 CE 模型的河南省耕地生态补偿额度研究 [J]．中国农业资源与区划，2020，41（3）：189-195.

[69] 牛海鹏，高汉琦．多情景下耕地生态效益支付和受偿意愿特征分析 [J]．水土保持通报，2015，35（2）：205-212，218.

[70] 牛志伟，邹昭晞．农业生态补偿的理论与方法：基于生态系统与生态价值一致性补偿标准模型 [J]．管理世界，2019，35（11）：133-143.

[71] 欧名豪，王坤鹏，郭杰．耕地保护生态补偿机制研究进展 [J]．农业现代化研究，2019，40（3）：357-365.

[72] 祁兴芬．区域农田生态系统正、负服务价值时空变化及影响因素分析：以山东省为例 [J]．农业现代化研究，2013，34（5）：622-626.

[73] 钱凤魁，徐欢，逄然然，等．基于三维生态足迹模型辽宁省耕地生态补偿额度估算分析 [J]．中国农业资源与区划，2023，44（6）：97-109.

[74] 任平，洪步庭，马伟龙，等．基于 IBIS 模型的耕地生态价值估算——以成都崇州市为例 [J]．地理研究，2016，35（12）：2395-2406.

[75] 阮熹晟，李坦，张藕香，等．基于生态服务价值的长江经济带耕地生态补偿量化研究 [J]．中国农业资源与区划，2021，42（1）：68-76.

[76] 宋碧青，龙开胜．耕地生态产品价值市场化实现组态路径研究——以粮食生态溢价实现为视角 [J]．中国土地科学，2024，38（9）：48-56.

[77] 宋敏，金贵．规划管制背景下差别化耕地保护生态补偿研究：回顾与展望 [J]．农业经济问题，2019（12）：77-85.

[78] 苏浩，雷国平，李荣印．基于生态系统服务价值和能值生态足迹的河南省耕地生态补偿研究 [J]．河南农业大学学报，2014，48（6）：765-769.

[79] 苏浩，吴次芳．基于"三生"功能的黑土区耕地资源价值影响因素分析——以黑龙江省克山县为例 [J]．中国土地科学，2020，34（9）：77-85.

[80] 苏娇萍，李智国．基于改进生态足迹模型的云南省耕地可持续利用研究 [J]．云南农业大学学报（自然科学），2021，36（1）：124-131.

[81] 孙晶晶，赵凯，曹慧，等．我国耕地保护经济补偿分区及其补偿额度测算——基于省级耕地-经济协调性视角 [J]．自然资源学报，2018，33（6）：1003-1017.

[82] 汤进华，陈志，朱俊成，等．武汉城市圈耕地资源生态服务价值核算 [J]．中国农学通报，2015，31（4）：237-244.

[83] 唐建，沈田华，彭珏．基于双边界二分式 CVM 法的耕地生态价值评价——以重庆市为例 [J]．资源科学，2013，35（1）：207-215.

[84] 唐秀美，潘瑜春，刘玉．北京市耕地生态价值评估与时空变化分析 [J]．中国农业资源与区划，2018，39（3）：132-140.

[85] 王成，彭清，唐宁，等．2005—2015 年耕地多功能时空演变及其协同与权衡研究：以重庆市沙坪坝区为例 [J]．地理科学，2018，38（4）：590-599.

[86] 王慧，龙开胜．基于耕地多功能的江苏省耕地保护补偿标准研究 [J]．中国农业资源与区划，2022，43（11）：101-111.

[87] 王盼盼，鄂施璇，张文琦．吉林省辽河流域耕地的生态补偿主体及差异化补偿标准 [J]．

水土保持通报，2024，44（3）：171-179，200.

[88] 王盼盼，高佳，王玥．基于耕地"三生"功能的耕地生态供需差异研究——以吉林省辽河流域为例［J］. 水土保持通报，2023，43（4）：347-355.

[89] 王盼盼，高佳，张红梅．吉林省辽河流域耕地生态价值时空分异及差异化生态补偿研究［J］.农业现代化研究，2023，44（4）：657-667.

[90] 王盼盼，高佳．流域多尺度耕地保护生态价值及其补偿标准［J］. 水土保持通报，2023，43（6）：185-192.

[91] 王欣，杨君，李婷．基于生态服务价值的生态补偿——以长沙市为例［J］. 江苏农业学报，2019，35（4）：965-972.

[92] 王亚辉，李秀彬，辛良杰，等．耕地资产社会保障功能的空间分异研究——不同农业类型区的比较［J］. 地理科学进展，2020，39（9）：1473-1484.

[93] 王艳，张安录．基于"消费-产出"生态足迹的长江经济带耕地生态可持续性判别［J］. 长江流域资源与环境，2022，31（5）：1029-1038.

[94] 望晓东，魏玲．耕地生态价值支付意愿的影响因素实证研究——基于武汉市的实地调查［J］.生态经济，2015，31（8）：121-124.

[95] 温良友，张蚌蚌，孔祥斌，等．基于区域协同的我国耕地保护补偿框架构建及其测算［J］.中国农业大学学报，2021，26（7）：155-171.

[96] 毋晓蕾．耕地保护补偿机制研究［D］. 北京：中国矿业大学，2014.

[97] 吴娜，宋晓谕，康文慧，等．不同视角下基于InVEST模型的流域生态补偿标准核算——以渭河甘肃段为例［J］. 生态学报，2018，38（7）：2512-2522.

[98] 吴宇哲，钱恬楠，郭珍．休养生息制度背景下耕地保护生态补偿机制研究［J］. 郑州大学学报（哲学社会科学版），2020，53（3）：27-31，127.

[99] 吴宇哲，沈欣言．中国耕地保护治理转型：供给、管制与赋能［J］. 中国土地科学，2021，35（8）：32-38.

[100] 武江民，王玉纯，赵军，等．耕地净初级生产力及生态服务价值时空分异研究——以甘肃省白银区为例［J］. 中国农学通报，2016，32（35）：65-70.

[101] 夏炜祁，张明辉，张安录．绿色低碳视域下长江经济带耕地生态外溢价值评估及时空变化分析［J］. 华中农业大学学报，2024，43（3）：51-64.

[102] 向芸芸，蒙吉军．生态承载力研究和应用进展［J］. 生态学杂志，2012，31（11）：2958-2965.

[103] 谢高地，鲁春霞，冷允法，等．青藏高原生态资产的价值评估［J］. 自然资源学报，2003，（2）：189-196.

[104] 谢高地，张彩霞，张昌顺，等．中国生态系统服务的价值［J］. 资源科学，2015，37（9）：1740-1746.

[105] 谢高地，甄霖，鲁春霞，等．一个基于专家知识的生态系统服务价值化方法［J］. 自然资源学报，2008（5）：911-919.

[106] 谢花林，程玲娟．地下水漏斗区农户冬小麦休耕意愿的影响因素及其生态补偿标准研究——以河北衡水为例［J］. 自然资源学报，2017，32（12）：2012-2022.

[107] 谢金华，杨钢桥，汪箭，等．不同农地整治模式对耕地生产价值和生态价值的影响——

基于天门、潜江部分农户的实证分析 [J]. 自然资源学报，2019，34（11）：2333-2347.

[108] 谢立军，白中科，杨博宇，等. 襄垣县耕地资源价值核算及空间格局分析 [J]. 中国农业大学学报，2022，27（6）：204-214.

[109] 熊雯颖，孟菲，陈航，等. 耕地"三位一体"保护视角下中国省域休耕规模与空间布局 [J]. 农业工程学报，2024，40（18）：240-250.

[110] 许多艺，濮励杰，黄思华，等. 江苏省耕地多功能时空动态分析及对耕地数量变化响应研究 [J]. 长江流域资源与环境，2022，31（3）：575-587.

[111] 薛濡壕. 多元主体协同下东北黑土区耕地轮作生态补偿机制研究 [D]. 黑龙江：东北农业大学，2023.

[112] 薛选登，高佳琳. 粮食主产区耕地生态足迹与粮食安全空间相关性分析 [J]. 生态经济，2021，37（8）：93-99.

[113] 杨庆媛，王浩骅，杨凯悦，等. 中国耕地保护补偿体系研究 [J]. 西南大学学报（自然科学版），2024，46（10）：15-29.

[114] 杨庆媛，王文鑫，周璐璐，等. 耕地保护补偿研究进展与展望 [J]. 西南大学学报（自然科学版），2024，46（10）：2-14.

[115] 杨文杰，刘丹，巩前文. 2001-2016 年耕地非农化过程中农业生态服务价值损失估算及其省域差异 [J]. 经济地理，2019，39（3）：201-209.

[116] 杨欣，张晶晶，高欣，等. 基于农户发展受限视角的江夏区基本农田生态补偿标准测算 [J]. 资源科学，2017，39（6）：1194-1201.

[117] 姚石，张秋泽，刘俊娟，等. 粮食安全与"双碳"视角下黄河流域农田生态补偿额度 [J]. 水土保持通报，2024，44（3）：399-407.

[118] 雍新琴，张安录. 基于机会成本的耕地保护农户经济补偿标准探讨：以江苏铜山县小张家村为例 [J]. 农业现代化研究，2011，32（5）：606-610.

[119] 余亮亮，蔡银莺. 基于农户受偿意愿的农田生态补偿——以湖北省京山县为例 [J]. 应用生态学报，2015，26（1）：215-223.

[120] 宇振荣. 景观生态学 [M]. 北京：化学工业出版社，2008.

[121] 苑全治，郝晋珉，张玲俐，等. 基于外部性理论的区域耕地保护补偿机制研究——以山东省潍坊市为例 [J]. 自然资源学报，2010，25（4）：529-538.

[122] 臧俊梅，邹舒玛，宁晓峰，等. 国内耕地生态补偿研究：现状、演进及热点分析——基于 CiteSpace 可视化分析 [J]. 土地经济研究，2021（1）：211-237.

[123] 张翠娟. 基于生态足迹模型的河南省农业生态承载力动态评价 [J]. 中国农业资源与区划，2020，41（2）：246.

[124] 张皓玮，方斌，魏巧巧，等. 区域耕地生态价值补偿量化模型构建——以江苏省为例 [J]. 中国土地科学，2015，29（1）：63-70.

[125] 张俊峰，贺三维，张光宏，等. 流域耕地生态盈亏、空间外溢与财政转移——基于长江经济带的实证分析 [J]. 农业经济问题，2020（12）：120-132.

[126] 张俊峰，梅岭，张雄，等. 长江经济带耕地保护生态价值的时空特征与差别化补偿机制 [J]. 中国人口·资源与环境，2022，32（9）：173-183.

[127] 张彭，张超，李春泽，等. 基于地形的耕地破碎度指数设计与应用 [J]. 中国农业大学学

报，2022，27（9）：226-236.

[128] 张友，刘玉 . 乡村多功能视角下耕地资源资产价值核算研究 ［J］. 中国农业资源与区划，2022，43（4）：129-138.

[129] 张宇，张安录 . 基于生态安全视角的耕地生态补偿财政转移支付研究——以湖北省为例 ［J］. 中国农业资源与区划，2021，42（11）：220-232.

[130] 赵东升，郭彩赟，郑度，等 . 生态承载力研究进展 ［J］. 生态学报，2019，39（2）：399-410.

[131] 赵青，许皞，郭年冬 . 粮食安全视角下的环京津地区耕地生态补偿量化研究 ［J］. 中国生态农业学报，2017，25（7）：1052-1059.

[132] 赵彤，刘洁，孙玮婕 . 基于NPP的青海省草地生态足迹以及生态承载力估算——以海晏县为例 ［J］. 气象科技进展，2023，13（4）：72-79.

[133] 赵亚莉，龙开胜 . 农地"三权"分置下耕地生态补偿的理论逻辑与实现路径 ［J］. 南京农业大学学报（社会科学版），2020，20（5）：119-127.

[134] 周伟，石吉金，苏子龙，等 . 耕地生态补偿的内涵、分类及相关问题研究 ［J］. 中国土地，2022（9）：46-49.

[135] 朱文娟，李建兵，高阳，等 . 基于经济-社会-生态价值的耕地价值量核算研究——以Y市为例 ［J］. 长江流域资源与环境，2022，31（9）：2086-2095.

[136] 朱新华，曲福田 . 基于粮食安全的耕地保护外部性补偿途径与机制设计 ［J］. 南京农业大学报：社会科学版，2007（4）：1-7.

[137] 邹利林，李裕瑞，刘彦随，等 . 基于要素视角的耕地"三生"功能理论建构与实证研究 ［J］. 地理研究，2021，40（3）：839-855.